数理化原来这么有趣

曾小平◎编著

数学 上册

航空工业出版社

内容提要

本书以故事和现实事例为引子讲述数学科学知识，既包含初等、高等数学的知识，也有关于数论、幻方等前沿数学研究的有趣话题。阅读此书，可以改变青少年对数学学科的刻板印象，让原本乏味的符号和公式变得更加生动，深刻理解数学这门学科并有效拓展自己的逻辑思维，使自己更深邃，更睿智。

图书在版编目（CIP）数据

数理化原来这么有趣. 数学 ：全2册 / 曾小平编著. -- 北京 ：航空工业出版社，2021.7（2023.7 重印）

ISBN 978-7-5165-2536-4

Ⅰ. ①数… Ⅱ. ①曾… Ⅲ. ①数学－青少年读物
Ⅳ. ① O-49

中国版本图书馆 CIP 数据核字（2021）第 076637 号

数理化原来这么有趣. 数学
Shulihua Yuanlai Zheme Youqu. Shuxue

航空工业出版社出版发行
（北京市朝阳区京顺路5号曙光大厦C座四层　100028）
发行部电话：010-85672688　010-85672689

唐山楠萍印务有限公司印刷　　全国各地新华书店经售
2021年7月第1版　　2023年7月第7次印刷
开本：787×1092　1/16　　字数：280千字
印张：12.5　　定价：198.00元（全6册）

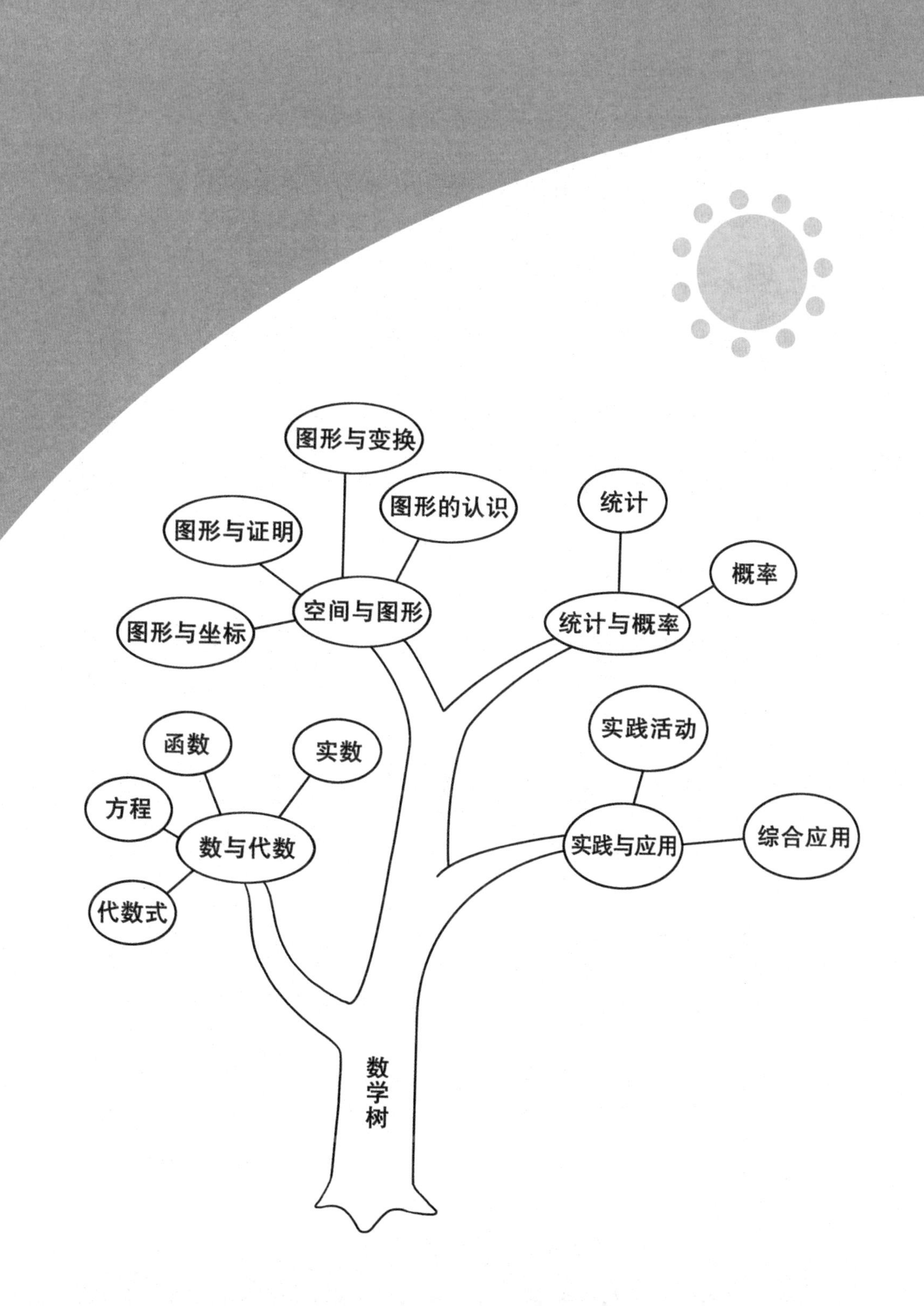
图形与变换
图形的认识
统计
图形与证明
概率
空间与图形
统计与概率
图形与坐标
实践活动
函数
实数
方程
数与代数
实践与应用
综合应用
代数式
数学树

总序

对青少年而言，培养科学探索的兴趣意义无穷。

很多著名的科学巨匠，就是从青少年时期就燃起了科学探索的火苗。如何使孩子爱上科学，探索科学，方法很多，兴趣尤为重要。基础的数学、物理、化学知识是探索科学的门径，这套丛书从日常生活中的事例、新闻热点、科学史等多个角度展现了科学的魅力，文字晓畅通俗，适合青少年这个年龄阅读。

学习科学，不止是学习，而是提供了一种看待世界的全新视角。

英国科学家牛顿少年时与寡母一起生活，成绩一般，他的母亲对他的期望是成为一个农夫，但他受自然科学书籍的影响，经常动手制作一些简单模型，这一点被舅父发现了。舅父开始支持他读书和学习，最终他考入剑桥大学，一步步迈向科学巅峰，成为影响全人类的顶级大科学家。终其一生，他对数学、物理和化学充满了兴趣，而这一切，都来自于青少年时期基础科学知识对他的吸引。

在我们的生活中，与科学相关的一切随处可见。核泄漏时，拼命吃碘盐有用吗？买香蕉后，冷藏于冰箱真的保鲜吗？用铁锅炒菜，真的能够补铁吗？我们面对谣言、误区、习俗时，如何辨别？在青少年时代就培养良好的科学素养，将是我们一生受用不尽的财富。

数学、物理、化学知识与我们的生活密切相关，同样也潜藏在我们深厚的历史当中。我国古代曾有过深厚的科学传统，也曾涌现了一大批伟大的科学家，他们的研究走在世界前列。青少年时代是知识的积淀期，古希腊哲学家苏格拉底认为，他不是把知识传授给学生，而只是将他们唤醒。唤醒青少年对科学的兴趣，兴趣不但有利于激起他们在日常学习中的热情，而且能够帮助他们确立学习科学的人生目标。

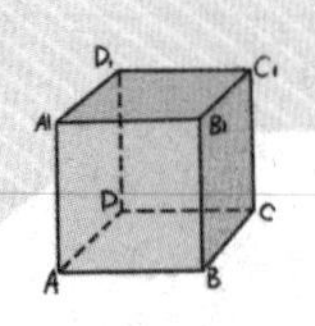

前言

对于数学，有人说不知所以然，概念、公式、定理，太过复杂，记也记不住，用又不会用，一大堆的数字，一连串的符号，枯燥而繁杂。在他们看来，学习数学就像面对着陌生人，不知道如何才能了解它。

而有些人，则说数学是世界上最美丽的语言，它用简洁的公式、清晰的逻辑、准确的定理，让本来杂乱无章的世界变得井井有条。对他们来说，学习数学，就像在与一个亲近的朋友对话般，轻松而又惬意。

那么，数学究竟是什么样的呢？

数学并没有太过复杂的神秘感，它是研究现实世界的空间形式和数量关系的科学，是一门同时拥有了逻辑和直观、分析和推理、共性和个性等特质的学科。对于喜爱它的人来说，它是有趣而实用的知识；而对于害怕它的人来说，它则是一门繁冗且复杂的学科。

对于数学而言，所有人都是平等的，它把自己的美丽、简

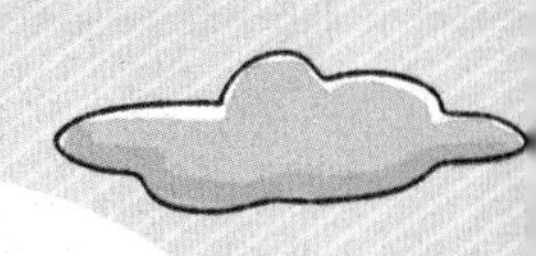

单却又富含趣味的特性深藏在各个数字、图形和符号之间。只要你愿意倾心地去寻找，只要你愿意认真地去聆听，数学就会告诉你许多美丽而有趣的故事。

在数学的海洋里，你可以跟古人畅谈天文地理，也可以跟今人狂侃科技发明，因为数学是所有学科的基础，生活中处处都离不开数学。不管是你日常生活的买、卖、收、送，也不管是你在科技发明上的种种创新，你都会发现，如果离开数学，你将会寸步难行。

在书中，我们将会一起去了解古希腊的数学公式，也会一起去寻找现代的科技信息，感受战争中的数学运用，领悟生活中的数学常识，感受数学的魅力，徜徉于数学的海洋。

书中没有令人费解的数学公式，也没有难以理解的定理规则。在这里，你可以领略到大自然的良好数学功底，也可以感受到科学家对数学的痴心奉献，还有传说中的数学黑洞、让人感动的美丽图案……

让我们一起去畅游数学的海洋，一起去寻找数学蕴藏的有趣故事吧！

CONTENTS 目录 上册

Part1 数学世界的奇闻异事

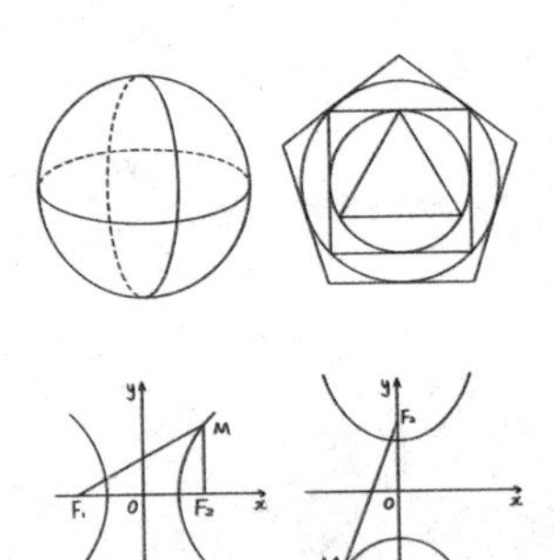

Part2 伟大的数学探索

CONTENTS 目录 下册

Part3 寻路代数王国

Part4 图形的秘密

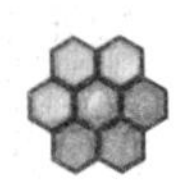

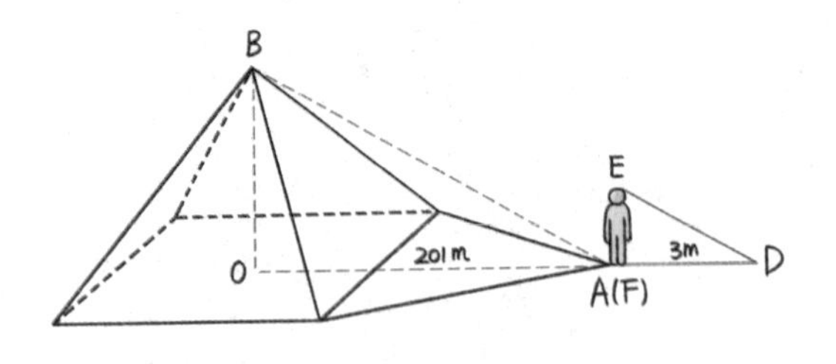

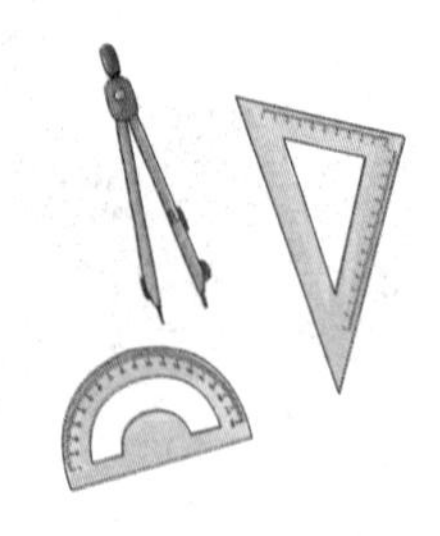

Part5 数学家的故事

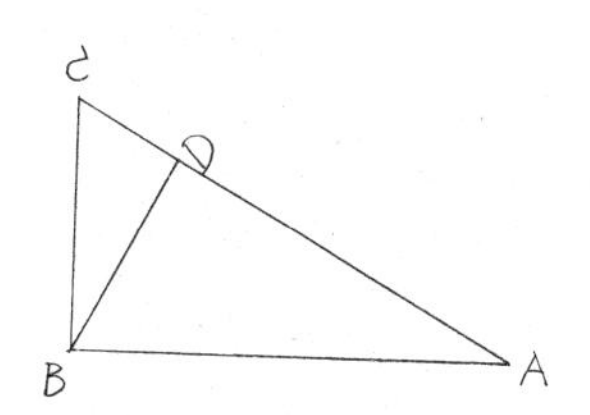

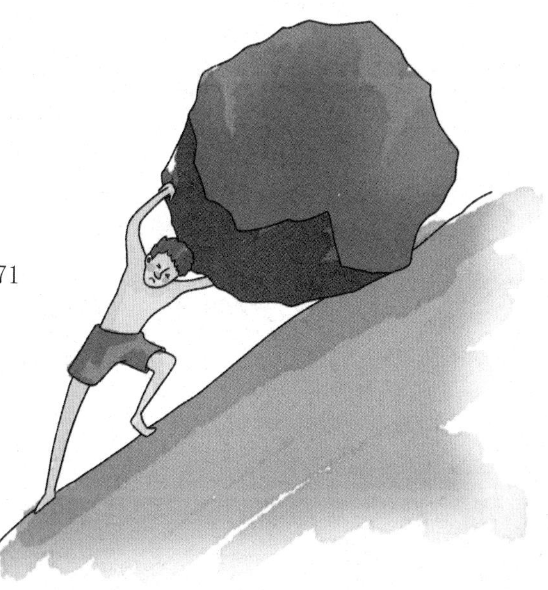

Part 1

数学世界的奇闻异事

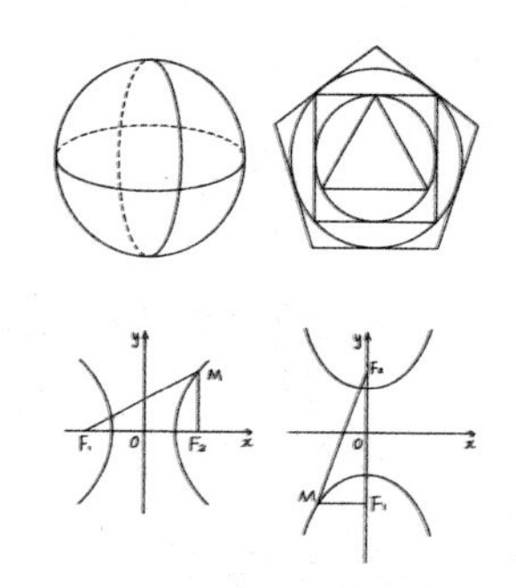

1 想赖账的财主

明代浙江山阴有个姓董的大员外，雇用了一个名叫阿衡的佃农为他耕地，答应每年给他一头牛作为工钱。阿衡非常高兴地答应了。到了年底，董员外见阿衡老实可欺，就让账房先生对阿衡说："你把工钱存在我这儿吧，存够了钱买一大片水田。"阿衡点点头，接受了账房先生的建议。

阿衡在董员外家工作了20年，由于常年的劳碌，他的身体状况变得极其糟糕，他决定取出存在董员外家的工钱，回老家去。他对账房先生说："我在董员外家干了20年，每年1头牛，我要20头牛的钱。"账房先生却瞪着眼睛说："董老爷说的是每年一斤油，你怕是听错了吧。"阿衡以为是账房先生弄错了，便去找董员外，结果董员外的说法和账房先生一样。阿衡非常沮丧，抱着油瓮哭着离开了员外家。

少年徐文长看到阿衡蹲在街角垂泪，便走上前去问道："阿衡，谁欺负你了？"

阿衡一看是以聪明著称的徐文长，就把董员外赖工钱的事告诉了他。

少年徐文长眼珠一转，凑近阿衡的耳朵悄悄地说：“我帮你把工钱讨回来，不过去了董家，你要听我的。”

阿衡点点头，擦干了眼泪。

到了董员外家，董员外正和账房先生拨着算盘珠子在算账，看到徐文长和阿衡，笑嘻嘻地说：“徐公子来我家，有什么事吗？”

徐文长说：“阿衡想做小生意，但是没有本钱，想借1两银子，我来做担保可以吗？”

账房先生目光看向阿衡，阿衡赶紧点头说：“是的，我想做一门小生意。”

董员外见徐文长愿意担保，高兴地说："当然可以，有徐公子担保一切都好说，就按照年息对本对利吧。"徐文长拿起笔立下了字据，阿衡按了手印，账房先生转身准备去内房拿银子，却被徐文长拉住了。董员外笑着说："徐公子，还有什么事不齐备吗？"

徐文长说："事情要公平，既然阿衡借贷有利息，对本对利，那他在你这存了20年的油，是不是也有利息？"

董员外一听哈哈大笑，心想20斤油能有多少利润，大方地说："既然徐公子提起了，那就算一算吧，我一定照付。"

徐文长从账房先生手中夺过算盘，拨着算盘珠子算道："第一年，工钱1斤；第二年，加利息1斤，加工钱1斤，共3斤；第三年，利息加工钱共7斤；第四年，利息加工钱共15斤；第五年，利息加工钱共31斤……"账房先生目瞪口呆地看着徐文长算账，而董员外则一屁股瘫坐在了地上。

这个数字是多少呢？

我们不妨按照徐文长的思路来做一道数学题：

第一年：1

第二年：$1\times2+1=3$

第三年：3 × 2+1=7

第四年：7 × 2+1=15

第五年：15 × 2+1=31

第六年：31 × 2+1=63

……

一直到第 20 年，最后的答案是：1048575。

观察徐文长的数学题，我们会发现一个规律，后一年的本息和是前一年的倍数加 1，这就是几何级数增长，无怪乎贪吝的董员外会吓瘫在地上。

眼见自己的全部身家还不够，董员外央求道：“徐公子，请你为我向阿衡说句好话，我愿意给他 20 头牛的钱。”

徐文长笑了，那一两银子自然也不用借了。阿衡拿到了全部工钱，买了几亩水田，后来又娶了妻子，过上了他梦想中的生活。

知识延伸

几何级数增长，又称为等比级数，即成倍数增长，数学上表述为 A 的 n 次幂的增长，通俗的说法为“翻番”。在几何上，面积与边长的关系是乘积的函数关系，因此也将成倍增长称为“几何级数增长”

2 三个好朋友
多久才能再相遇

艾瑞克、洛林、沃尔森三人是好朋友，他们每隔不同天数都要到图书馆去一次。艾瑞克 3 天去一次，洛林 4 天去一次，而沃尔森 5 天才能去一次。有一天，他们 3 个人恰好在图书馆相遇，分开的时候，他们约定下次再见面大家一起去逛街，你知道他们 3 个至少要再过多少天才能再一次在图书馆相遇吗？

解答这个问题，我们需要用到一个概念——最小公倍数。最小公倍数是什么呢？这样来说，如4和8相乘得出的32可以同时整除4和8，所以32就叫做4和8的公倍数。但是公倍数并不是只有一个的，4和8有很多的公倍数，而所有的公倍数中最小的那个，就叫作最小公倍数。在这里，4和8的最小公倍数就是8。我们也可以看出，最小公倍数必须是相对于两个或者两个以上的整数来说才存在的。计算最小公倍数时，通常会借助最大公约数来辅助计算。

比如，如果要找出16和12的最小公倍数，可以这样来求：

1. 找出16和12的最小公约数2，列短除式，用最小公约数2去除这两个数，得到8和6两个商。

2. 找出两个商8和6的最小公约数2，用最小公约数2去除8和6，得新一级二商4和3。

3. 以此类推，直到二商为互质数。在这里，4 和 3 已经是质数了，所以无须再除。

4. 将所有的公约数及最后的二商相乘，所得积就是原来两个数的最小公倍数。也就是说，48 是 16 和 12 的最小公倍数。

艾瑞克、洛林和沃尔森究竟要多少天后才能相遇呢？

这个问题转换成为数学思想的话，就是求 3、4、5 的最小公倍数是多少。根据上面的计算方法，我们可以得知，3、4、5 相乘得到的数字就是它们的最小公倍数。也就是说，至少要 60 天后，艾瑞克、洛林、沃尔森三人才能够再次齐聚。但是如果两两相遇，也就是说艾瑞克遇见洛林，或者艾瑞克遇见沃尔森，则相隔的时间会短很多。

我国古代很早就有了对最小公倍数这个概念的运用了。例如，十天干和十二地支混合称呼为阴历年，我们常常听到老人们说辛卯年、寅卯年，就是根据十天干和十二地支来命名的。实际上，辛卯年就是我们说的兔年。兔年这个叫法是根据12生肖来命名的，所以，从今年的兔年到下次的兔年只需要12年。但是从辛卯年到下一个辛卯年所需的时间，则是12和10的最小公倍数，也就是60年——俗称的一个“甲子”。

1	2	3	4	5	6	7	8	9	10
甲子	乙丑	丙寅	丁卯	戊辰	己巳	庚午	辛未	壬申	癸酉
11	12	13	14	15	16	17	18	19	20
甲戌	乙亥	丙子	丁丑	戊寅	己卯	庚辰	辛巳	壬午	癸未
21	22	23	24	25	26	27	28	29	30
甲申	乙酉	丙戌	丁亥	戊子	己丑	庚寅	辛卯	壬辰	癸巳
31	32	33	34	35	36	37	38	39	40
甲午	乙未	丙申	丁酉	戊戌	己亥	庚子	辛丑	壬寅	癸卯
41	42	43	44	45	46	47	48	49	50
甲辰	乙巳	丙午	丁未	戊申	己酉	庚戌	辛亥	壬子	癸丑
51	52	53	54	55	56	57	58	59	60
甲寅	乙卯	丙辰	丁巳	戊午	己未	庚申	辛酉	壬戌	癸亥

知识延伸

最大公约数是指两个或者两个以上的整数共有约数中最大的一个。例如，12和30的公约数有：1、2、3、6，其中6就是12和30的最大公约数。

两个整数的最大公约数，主要有两种寻找方法：一种是两数各分解质因子，然后取出同样有的项乘起来。还有一种方法是辗转相除法，两个整数的最大公约数等于其中较小的数和两数的差的最大公约数。

另外，最小公倍数和最大公约数的乘积等于原数的乘积。

3 兵仙韩信的点兵术

韩信是我国古代著名的军事家，是汉高祖刘邦麾下最出名的军事将领，与张良、萧何并称为“汉初三杰”，被后世奉为“兵仙”。有一次刘邦问韩信：“你看我能统率多少兵马？”韩信回答说：“陛下最多能带10万兵马。”刘邦反问道：“那你呢？”韩信说：“微臣领兵，多多益善。”

韩信的回答令刘邦很不痛快，因而诘问道："那为何我是皇帝，而你是臣子？"

韩信答道："陛下善于将（率领）将，微臣善于将兵。"

刘邦一听，不由莞尔一笑。不过，韩信的答复虽然巧妙，他统兵"多多益善"的说法并不令刘邦信服，决定再找机会为难他。

有一天，天高气爽，万里无云，刘邦看到士兵们在兵营外列阵，不由地灵感一动，他把韩信召到中军帐，并放下了营帐的布帘。然后命小校率一队士兵来，在营帐外列队，3 人站成一排。片刻之后，传令官进来报告说："回禀陛下，最后一排只有 2 人。"刘邦又下令，5 人站成一排。过了一会儿，传令官报告："禀陛下，最后一排只有 3 人。"刘邦又下令，7 人站成一排。又过了一会儿，传令官禀报："禀报陛下，最后一排只有 2 人。"

这时，刘邦回头望着韩信，问道："韩将军，这队士兵总共有多少人？"

韩信微微一笑，说道："禀陛下，帐外小队有 23 人。"

刘邦一听，鼓掌大笑道："将军知兵，果然如神。"

那么，韩信是怎么知道营帐外列队的士兵有多少人的呢？

首先，从传令官两次来禀报的时间长度判断，列队士兵的人数很少，可能不超过一百人。如果把它换成数学思维，那么就是："一个正整数，被 3 除时余 2，被 5 除时余 3，被 7 除时余 2，如果这数不超过 100，求这个数。"

首先找出能被 5 与 7 整除而被 3 除余 1 的数 70，被 3 与 7 整除而被 5 除余 1 的数 21，被 3 与 5 整除而被 7 除余 1 的数 15。

所求数被 3 除余 2，则取数 $70 \times 2 = 140$，140 是被 5 与 7 整除而被 3 除余 2 的数。

所求数被 5 除余 3，则取数 $21 \times 3 = 63$，63 是被 3 与 7 整除而被 5 除余 3 的数。

所求数被 7 除余 2，则取数 $15 \times 2=30$，30 是被 3 与 5 整除而被 7 除余 2 的数。

又，$140 + 63 + 30=233$，由于 63 与 30 都能被 3 整除，故 233 与 140 这两数被 3 除的余数相同，都是余 2，同理 233 与 63 这两数被 5 除的余数相同，都是 3，233 与 30 被 7 除的余数相同，都是 2。所以 233 是满足题目要求的一个数。

而 3、5、7 的最小公倍数是 105，所以 233 加减 105 的整数倍后被 3、5、7 除的余数不会变，从而所得的数都能满足题目的要求。由于所求仅是一小队士兵的人数，这意味着人数不超过 100，所以用 233 减去 105 的 2 倍得 23 即是所求。

如果用算式来表达，那么就是这样：

$$N=70\times 2+21\times 3+15\times 2-2\times 105$$

$$N=23$$

程大位

这道算术题被明代数学家程大位编成了口诀，即《孙子歌诀》，在民间广泛流传：“三人同行七十稀，五树梅花廿一枝；七子团圆正半月，除百零五便得知。”在现代数学中，这种算法被称为一次同余组的一般求解方法。

1852 年英国传教士伟烈亚力把这个求解法则传到欧洲，1874 年德国人马提生认为这个解法符合高斯的求解定理，故而在西方数学著作中，一次同余组的求解定理被称为“中国剩余定理”或“孙子定理”。

知识延伸

《算法统宗》是明代数学家程大位的著作，全称《新编直指算法统宗》，总共 17 卷。书中介绍了数学名词、大数、小数和度量衡单位以及珠算盘式图、珠算各种算法口诀等基本数学和应用数学知识；也收录了按“九章”次序列举的各种应用题及解法。此外，还有一些高层次的数学问题研究。书后附录“算经源流”一篇，著录了北宋元丰七年（1084）以来的数字书目 51 种，是中国古代重要的数学研究文献目录。

明代晚期，日本人毛利重能将《算法统宗》翻译成日文，在日本广泛流传，开启日本“和算”的先河。清代初期，该书又流传到朝鲜、东南亚和欧洲，在数学领域产生了深远的影响。

4 墓碑上的数学谜题

丢番图是古希腊的伟大数学家，对算术理论有深入的研究，他完全脱离了毕达哥拉斯学派的几何形式，创立了代数学，被称为“代数之父”。他在自己的著作《算术》中讨论了一次、二次以及个别的三次方程，此外还有大量不定方程。对于具有整数系数的不定方程，如果只考虑其整数解，这类方程被称为“丢番图方程”，它是数论的一个分支。

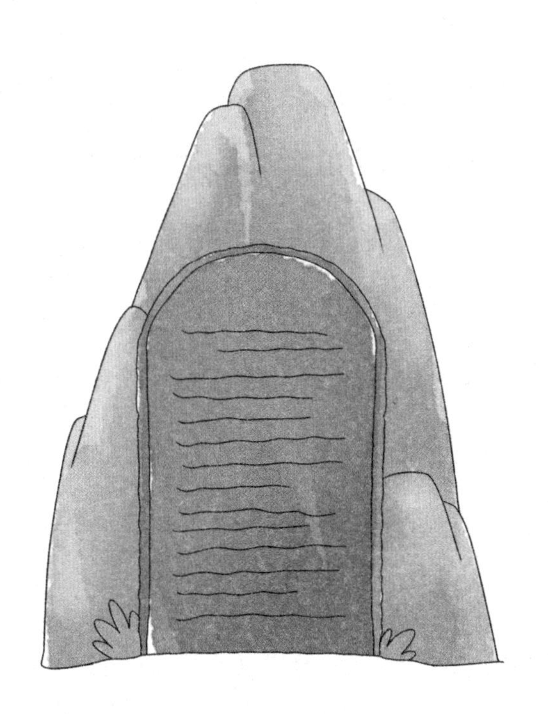

丢番图

丢番图死后，他的墓碑上没有写生卒年，甚至关于他的成就也丝毫不曾提及，而是写了一首诗，谁能看懂这首诗，谁就解开了他的生平之迷。这首诗是这样写的：

“坟中安葬着丢番图，多么令人惊讶，它忠实地记录了所经历的道路。上帝给予的童年占六分之一，又过十二分之一，两颊长胡，再过七分之一，点燃起结婚的蜡烛。五年之后天赐贵子，可怜迟到的宁馨儿，享年仅及其父之半，便进入冰冷的墓。悲伤只有用数论的研究去弥补。又过四年，他也走完了人生的旅途。”

你知道他活了多少岁吗？

如果仅从这谜语般的墓志铭中直接寻求答案，那是比较困难的。但如果把它换成代数方程，问题就简单多了。

用数学语言表示问题就是：“丢番图的一生，童年生活占 1/6，再过 1/12 他开始长胡子，再过 1/7 他结了婚，婚后 5 年生了一个儿子。他的儿子比他早 4 年辞世，享年是他的 1/2。”

在这里，我们假设丢番图的年龄是 x 岁，就可以列出一个这样的方程式：

$1/6x+1/12x+1/7x+5+1/2x+4=x$

$25/28x+5+4=x$

$25/28x+9=x$

$x - 25/28x=9$

$3/28x=9$

x = 84（岁）

答案是 84，也就是说丢番图一共活了 84 岁。

那么他结婚的年龄是多少岁呢？答案是：33 岁。

根据题中的信息还可以得到其他问题的答案。丢番图的童年有多长、他儿子活了多少岁……

知识延伸

丢番图方程又名不定方程、整系数多项式方程，是变量仅容许是整数的多项式等式；即形式如下的方程，其中所有的 a^1，a^2,…，a^n、b^1，b^2，…，b^n 和 c 均是整数，若其中能找到一组整数解 m^1，m^2，…，m^n，则称之有整数解。用方程式表达如下：

$$a_1x_1^{b_1}+a_2x_2^{b_2}+\cdots\cdots+a_nx_n^{b_n}=c$$

5 贝拿勒斯黄金盘的神秘预言

探险家西维斯和他的仆人到了印度北部一个名叫贝拿勒斯的神庙，庙里的神职人员让他观看了一个神秘的预言装置。一块铜板上竖立着三根宝石柱，其中一根柱子从小到大堆串着 64 个黄金盘。神职人员告诉西维斯，这是主神梵天在创设世界的时候放置的，如果有人能够按照规则将黄金盘全部挪到另一根宝石柱上，梵塔、神庙以及整个世界都会在瞬间灰飞烟灭。规则是这样的：每次只能移动一张黄金盘，不管在哪根柱子上，小盘子要始终在大盘子的上面。

神庙的历代祭司都曾尝试按照规则移动黄金盘，但是终其一生，都没能成功将黄金盘全部移动到另一根柱子上。

西维斯不相信神职人员的话，他用了一个小时来琢磨这件事，然而他失败了。为此，他一整晚都在移动黄金盘，然而仍然没有成功。此后，他在贝拿勒斯神庙暂住了一个星期，他不得不承认，自己不可能成功将所有的黄金盘移动到另一根柱子上。

贝拿勒斯黄金盘后来被简化，成了一款儿童益智游戏，这就是汉诺塔。汉诺塔的样子和贝拿勒斯黄金盘的造型类似，在一块塑料板上设置三个塑料柱子，其中一个柱子上从上往下穿着塑料圆盘，一般穿三个塑料盘，小的在上面，大的在下面，这就是一个三阶汉诺塔。聪明人大概在几分钟之内，就能完成三阶汉诺塔的移动，但如果把它换成一个数学问题，速度会更快。

首先把三根柱子摆成一个三角形，分别标记为 A，B，C，然后把所有的圆盘按从大到小的顺序放在柱子 A 上，根据圆盘的数量确定柱子的排放顺序：如果 n 是偶数，按顺时针方向依次摆放 A，B，C；如果 n 是奇数，就按顺时针方向依次摆放 A，C，B。

（1）按顺时针方向把圆盘 1 从现在的柱子上移动到下一根柱子上，也就是当 n 为偶数时，如果圆盘 1 在柱子 A 上，就把它移动到 B 上；如果圆盘 1 在柱子 B 上，就把它移动到 C 上；如果圆盘 1 在柱子 C 上，就把它移动到 A 上。

（2）接着，把另外两根柱子上可以移动的圆盘移动到新的柱子上。也就是把非空柱子上的圆盘移动到空柱子上，当两根柱子都非空时，移动前一步没动过的圆盘。这一步没有明确规定移动哪个圆盘，但实际实施的时候选择是唯一的。

（3）然后反复进行（1）、（2）中的操作，最后就能很快地按规定完成汉诺塔的移动。

将这个步骤用符号表现出来会更简单：A → C，A → B，C → B，A → C，B → A，B → C，A → C。

也就是说，只要移动 7 次，就能把 3 阶汉诺塔的问题解决了。

数学家们将它公式化，并总结成了递归法，假设有 n 张圆盘，移动次数是 $f(n)$。显然 $f(1)=1$，$f(2)=3$，$f(3)=7$，也就是 2 的 n 次方减 1。那么，如果贝拿勒斯黄金盘的预言是真的，世界毁灭日会在什么时候来临呢？

我们不妨计算一下 64 个黄金盘按规则移动到另一根柱子上需要移动多少次。根据上面提到的公式，将 64 个圆盘全部移动到另一个柱子上，是 2 的 64 次方减 1，这个数字是多少呢？这是一个极其庞大的数据，只能借助于计算机来解决，答案是：18446744073709551615。如果移动一个圆盘需要 1 秒钟，总共需要多长时间呢？答案是 5845 亿年。

据说现在宇宙的年龄大约是 150 亿年，所以说，那个预言即使是真的，也是比宇宙年龄还长得多的遥远的事情。

知识延伸

递归法。可采用递归法描述的算法拥有如下特点：为求解规模为 N 的问题，设法将它分解成规模较小的问题，然后从这些小问题的解构造出大问题的解，并且这些规模较小的问题也能采用同样的分解和综合方法，分解成规模更小的问题，并从这些更小问题的解构造出规模较大问题的解。特别地，当规模 $N=1$ 时，能直接得解。

6 贝克街的大侦探

坐落于贝克街的斯宾塞侦探事务所接到一桩案件委托，夏尔股票公司发生了一件凶杀案，总裁夏尔在他的办公室遇害。大侦探斯宾塞接受了委托，并展开了案件调查。他发现案发时正是下班时间，而且正在下大雨，股票公司的职员们都已下班离去。办公室的窗子关着且完好无损，也没有打开过的痕迹，凶手不可能从外部进入室内，只有办公室的门是唯一的出入口。夏尔是在完全没有防备的情况下被害的，也就是说可能是熟人作案。从办公室留下的痕迹来看，凶手至少有一名同谋。

当天下班后有三个人没有立刻离开股票公司，他们都曾进入过总裁办公室，分别是沉默的打字员萨瑟兰、年轻的女秘书艾琳和看起来十分世故的经理亨特先生。斯宾塞问讯了萨瑟兰、艾琳和亨特三人，但是他们谁也没有提供有价值的供词，只好让他们回家了。但是在晚上，他就收到了三封用打字机打印的匿名信件，很显然，匿名者不愿意暴露自己的笔迹。斯宾塞将供词最有价值的部分整理了出来。他依据供词和信件内容得出一个结论：三个人中有一人是凶手，另一个人是同谋，第三个人则完全不知情。

每一封信里说的都是别人，这些内容中至少有一条是毫不知情者说的，而且毫无知情者说的都是真话。归纳如下：

1. 萨瑟兰不是同谋。

2. 艾琳不是凶手。

3. 亨特参与了此次谋杀行为。

对此斯宾塞做了以下归纳与推理：

如果1和2是谎话，那么萨瑟兰是同谋，艾琳是凶手，亨特则毫不知情，这样一来3就是谎言。

如果1和3是谎话，则萨瑟兰是同谋，而亨特毫不知情者，艾琳就是凶手了，这样2也成了谎言。这与其中至少有一句是真话相矛盾。

如果2和3是谎话，则艾琳是凶手，亨特毫不知情，那么萨瑟兰就是同谋，这样1也成了谎言。这也与其中至少有一句是真话相矛盾。

因此，毫不知情者提供了两条证词。再进一步推测，如果毫不知情者作了2和3这两条供词。既然2和3这两条是真的，那么1就是假的，可知萨瑟兰是同谋，则与前面的结论相矛盾，因此这是不可能的。以此类推下去，可以知道亨特是毫不知情者，艾琳是同谋，萨瑟兰是凶手。

为了验证自己的推断是否正确，第二天斯宾塞请求警察拘捕了萨瑟兰，并单独向她发起讯问。萨瑟兰面对斯宾塞时，对自己杀死总裁夏尔的罪行供认不讳，同时也交代了自己的同谋艾琳。至于谋杀原因，那就是另外一个伤心的故事了。

在这个案件里，聪明的大侦探斯宾塞对自己掌握的有限的证据和供词进行了推理，这一方法在数学上称之为“归纳推理法”，有着非常广泛的应用。

知识延伸

归纳推理法分为完全归纳推理法和不完全归纳推理法。“完全归纳推理法”，是以某类中每一对象（或子类）都具有或不具有某一属性为前提，推出以该类对象全部具有或不具有该属性为结论的归纳推理；“不完全归纳推理法”，又称“不完全归纳法”，它是以某类中的部分对象（分子或子类）具有或不具有某一属性为前提，推出以该类对象全部具有或不具有该属性为结论的归纳推理。

7 皇帝交代的特殊使命

北宋皇帝宋真宗在位时，皇宫发生了一场大火，一夜之间，恢宏且奢华的宫殿化为一片废墟。宋真宗在没有被波及的离宫召开御前会议，商讨在原址上修建皇宫，大臣们讨论来讨论去，也没有拿出一套可行的方案。一个上午过去了，皇帝的肚子也开始咕咕叫，工部的官员和一帮御史们依然争论不休，这让宋真宗非常生气，他叫停了会议，宣布修建皇宫的事情不必再讨论了，把这项使命交给参知政事丁谓来负责，命户部和工部予以配合。并定下了竣工日期，不得延误。

丁谓到施工现场考察以后，发现了三个问题：

第一，先要把大量的废墟垃圾清理出来；

第二，要运来所需要的木材和石料；

第三，要运来大量的新土。这些问题无疑要涉及极大的运输量，如果安排不妥当，修建宫殿的时日就会不断延长，难以克期完成。眼看着夏天已经快结束了，如果不能在冬天来临以前先修复皇帝过冬的殿堂，说不定要掉脑袋。

在现代，有一门研究经济活动和军事活动用数量来表达的有关策划、管理方面问题的学科，就是运筹学。随着客观实际的发展，运筹学的许多内容不但研究经济和军事活动，有很多已经深入到日常生活中了。运筹学可以将实际中的问题，转化为数学思想，通过数学上的分析、运算，得出各种各样的结果，然后根据实际的要求，选择最恰当的处理办法，力求获得最好的现实效果。

运筹学作为一门用数学思想来解决实际问题的学科，在处理各种不同的问题时，一般有以下几个步骤：确定目标、制订方案、建立模型、制定解法。丁谓所面对的问题，就是一个大型的项目管理，但是古时候是没有“运筹学”这个概念的。那么丁谓是怎么做的呢？

在研究了工程之后，丁谓制订了这样的施工方案：首先，从施工现场向外挖了几条大深沟，把挖出来的土作为施工需要的新土备用，先解决了新土问题。其次，从城外把汴水引入所挖的大沟中，于是就可以利用木排及船只运送木材石料，又解决了木材石料的运输问题。最后，等材料运输完之后，把沟里的水排掉，用工地上的垃圾填入沟内，使沟重新变为平地，就这样，废墟的问题也解决了。简单归纳起来，也就是这样一个过程：

挖沟（取土）

↓

引水入沟（水道运输）

↓

填沟（处理垃圾）

按照这个施工方案，不仅节约了许多时间和经费，而且使工地秩序井然，又没有给宫里的生活带来不良影响，不能不说是一个很科学的施工方案，实可谓“丁谓施工，一举三得”。

虽然古代并没有运筹学这门学科，但是无疑丁谓施工，就是一个简单运用运筹学得到的效果，可见运筹学很早就已经存在了。而且随着科学技术和生产的发展，运筹学已渗入很多领域，被应用到各种管理工程中，在现代化建设中发挥着重要作用。

比如，在现代市场销售中，广告预算和媒体的选择、竞争性定价、新产品开发、销售计划的制订等方面，都会运用到运筹学。比如，美国杜邦公司在20世纪50年代起就非常重视将作业研究用于研究怎么做好广告工作、产品定价和新产品的引入。

还有类似丁谓施工的运输方面的问题，当然，这里的运输涉及空运、水运、公路运输、铁路运输、捷运、管道运输和厂内运输等各方面的现代运输。用运筹学来安排包括班次调度计划、人员服务时间等问题都是很有效果的。

我们要了解的是，运筹学绝对不只是在这些领域有着效果，留心的话我们几乎可以在生活的各个领域看到它的存在。

知识延伸

现在普遍认为，运筹学的活动是从第二次世界大战初期的军事任务开始的。因为当时的物资和军队需要按照不同的需求分配到各个地方从事各种工作，所以美国及随后美国的军事管理当局聚集了一大批科学家，希望运用科学手段来处理这些战略战术问题，而这实际上就是要求科学家将科技运用到军事活动中来。所以，这些科学家小组无疑就成了最早的运筹小组。

8 没有仪器

如何测量金字塔的高度

古希腊的哲学家塞乐斯到远方去旅行，他沿着品都斯山脉向希腊半岛南部行进，一直走到了科林西亚湾的大海边，在这里他看见了一支开往非洲的船队，并搭上了其中一艘船，船在海上航行了几天之后到达了马耳他，船员们在马耳他岛购买了一些新鲜的蔬菜和食物，同时补充了淡水。船队在地中海航行了几个星期后，到达了地中海南部的海岸，他在一个名叫布陀的埃及小镇休息了几天，便向南部地区旅行。

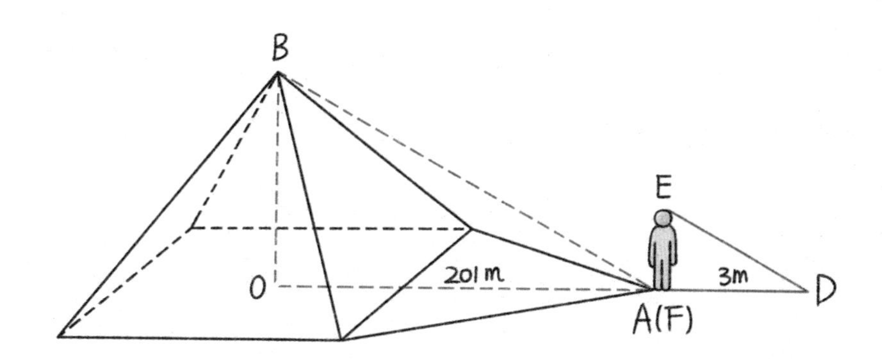

塞乐斯在尼罗河沿岸旅行，在一些广袤的土地上看到了非常高大的建筑，当地人告诉他那是埃及法老的陵墓——金字塔。这些金字塔由一些巨大的石块砌成，每块石头之间严丝合缝，经过很多年的风吹雨淋，依旧雄伟而壮观。作为一个见多识广的人，那些高大的建筑是他迄今为

止从未见过的，尤其是其高度，从未有任何建筑物有那么高。他询问当地人，那些金字塔有多高，大部分人回答不知道，另一些人则告诉他，测量金字塔的高度是不可能完成的事。

骑在骆驼上的塞乐斯忘记了看周围的风景，他陷入了如何测量金字塔高度的沉思中。金字塔是一个底部为正方形的四面锥体（斜面凹槽忽略不计），其中四个面为等腰三角形，能够实地测量的只有它的四条底边。忽然，夕阳下金字塔长长的影子引起了他的注意，一个灵感在他的大脑里冒了出来。利用影子来测算金字塔的高度。第二天，当太阳升起的时候，他就在日光下观察仆人的影子，当仆人的影子长度与其身高一样长的时候，他命令仆人给金字塔的塔尖留下的投影顶点处做了一个标记，然后让仆人测量影子的长度，再加上金字塔边长的一半，就是金字塔的高度了。

当一个人的身高和投影一样长的时候，在人的头顶和影子的末端连接一条看不见的直线，就构成了一个等边直角三角形。只要测量出影子的长度，那么就知道了人的身高。同理，按照这个方法也可以测出金字塔的高度。塞乐斯正是利用了几何学上著名的射影定理，算出了金字塔的高度。我们不妨试试这个方法，看是否可行呢？

根据测量，胡夫金字塔底部四个边的边长为230米，那么底部中心点到四个边的垂直距离为115米。当人的身高与投影等长时，测量金字塔的投影为31.59米。我们把它转换为一道算术题：

115＋31.59=146.59（米）

这就是胡夫金字塔的高度，不过由于风化严重，塔顶剥蚀降低了10米，现在高度为136.5米。

知识延伸

射影定理，又称“欧几里得定理”：在直角三角形中，斜边上的高是两条直角边在斜边射影的比例中项，每一条直角边又是这条直角边在斜边上的射影和斜边的比例中项。

在Rt△ABC中，∠ABC=90°，BD是斜边AC上的高，则有射影定理如下：

$BD^2=AD\cdot CD$

$AB^2=AC\cdot AD$

$BC^2=CD\cdot AC$

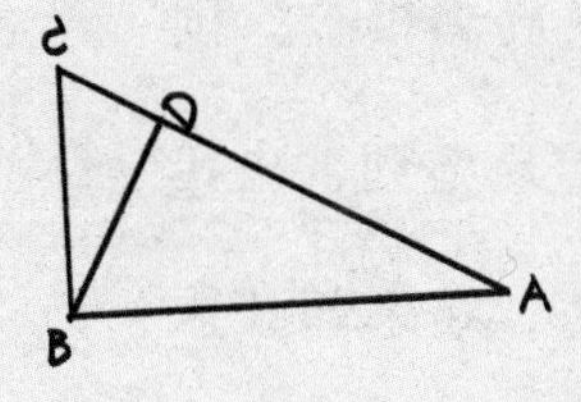

此外，当这个三角形不是直角三角形但是∠ABC等于∠CDB时也成立。

9 国王欠下的巨债

传说西塔把发明的国际象棋献给了国王，国王十分高兴，决定重赏西塔。西塔却说他不要国王的重赏，只要国王在棋盘上赏一些麦子就行了。在棋盘的第1个格子里放1粒，在第2个格子里放两粒，以此类推，往后一个格子里放的麦粒数，都是前一个格子里放的麦粒数的2倍，直到放满棋盘。国王觉得这很容易办到，决定如数付给西塔，结果却让国王大吃一惊。你知道发生了什么吗？

原来，当计数麦粒的工作开始后，第1个格里放进了1粒麦粒，第2个格里放进了两粒，第3个格里放进了4粒，还没有到第20格，一袋麦子就已经空了。随着格子一个一个被放进麦粒，下一格需要的麦粒数也不断地飞快增长着。国王惊讶地发现，即便拿出全国的粮食，他也无法实现对西塔的承诺。这是为什么呢？

在这里，我们可以先认识一个数学概念——等比数列。如果一个数列从第 2 项起，每一项与它的前一项的比等于同一个常数，这个数列就叫作等比数列。国王需要给西塔的麦粒因为每往后就要乘以 2，所以就形成了一个等比数列。也就是说，国王需要付给西塔的麦粒数我们可以这样来进行计算：$1+2+2\times 2+2\times 2\times 2\cdots$可是这个式子要怎么计算呢？难道要一项一项加起来吗？那样得花多少时间才能算出来呢？

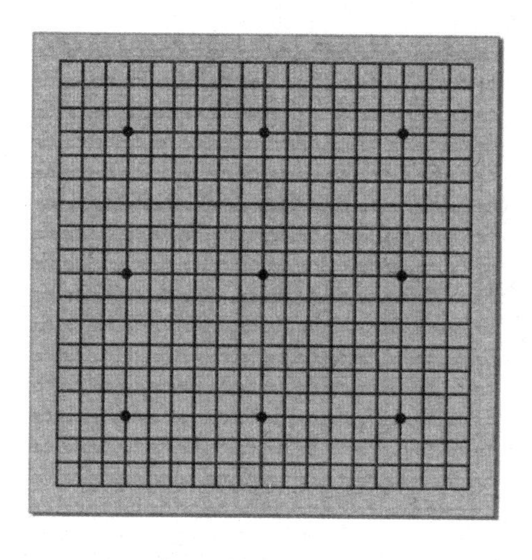

前面我们说过这些放入格子的麦粒数，可以形成一个等比数列，那这些数字的和就可以用等比数列求和公式 $Sn=A_1(1-q^n)/(1-q)(q\neq 1)$ 来计算。在这里，Sn 表示的是最后的和，A_1 表示第一项，q 表示后项与前一项的比值。在这个式子中，n 是 63，q 是 2，A^1 是 1，代入公式中得到最后的结果，就是国王需要付给西塔的总麦粒数，为 18446744073709551615 粒。这些麦子究竟有多少？打个比方，如果造一个仓库来放这些麦子，仓库高4公尺，宽10公尺[①]，那么仓库的长度就等于地球到太阳的距离的两倍。而要生产这么多的麦子，全世界要2000年。这么一来，国王就欠了西塔好大一笔债。

在生活中用到等比数列的时候不是很多，而有一个地方用到等比数列的时候，却受到了大家的欢迎，那就是银行。

银行有一种支付利息的方式——复利。就是把前一期的利息和本金加在一起算作本金，再计算下一期的利息，这种方法也就是人们通常说的利滚利。根据等比求和公式我们可以列出这种按照复利计算本利和的公式：本利和＝本金 ×(1+ 利率) 存期。

注：①1公尺=1米。

知识延伸

数学中还有一个概念经常和指数一起出现，那就是对数。如果$a^{n}=b$，那么$\log a^{b}=n$。在这个式子中，a叫作“底数”，b叫作“真数”，n就叫作“以a为底b的对数”。

10 牛顿怎样寻找掉在地上的针

有一个笑话说，针掉在了地上，一般人是用扫帚去扫，然后找到了针。聪明一点儿的人则找了一块磁铁，拴在一根绳子上，在地面上拖动，很快吸住了针。那么，物理学家牛顿是怎么做的呢？他在地板上画满大小均衡的上百个方格，然后一个方格一个方格地寻找，最终在其中一个方格找到了针。这个办法被称为“最笨的办法”。当然，这个笑话源于“微积分”这个梗。

要深入浅出地解释微积分的问题，不妨先从面积的计算说起。规则图形如圆形、菱形、长方形等图形，都有成熟的数学公式应用，那么如果是不规则图形呢？比如，任意用笔在纸上画一个曲线圈起来的图形，如何计算其面积？公元前3世纪，古希腊的数学家、力学家阿基米德就思考了这一问题，在其著作《圆的测量》和《论球与圆柱》中就已含有积分学的萌芽思想。

阿基米德先选择了一个最简单的问题来解决：求一条任意曲线和一条直线构成的图形的面积。这是一个类似于弯弓的形状，如何求这个图形的面积呢？阿基米德吸收了更早的数学家安提芬的方法（安提芬在计算圆的面积时，采用了内接正多边形，用正多边形来无穷接近圆），在弓形图内先画了一个三角形，然后在剩下的弓形内继续画更小的三角形……理论上来说，剩余弓形图内可以无限地画三角形，最后把这些三角形的面积加起来，就等于弓形图案的面积。

阿基米德还发现，每一轮新画的小三角形的面积，是上一轮三角形面积的1/4，以此类推，只需把后一个三角形的面积按照这个逻辑推算出来即可，那么弓形的面积S就可以这样表示：

$S=\triangle ABC+(1/4)\triangle ABC+(1/4)^2\triangle ABC+(1/4)^3\triangle ABC$……阿基米德这一方法就是穷竭法。

到了 17 世纪下半叶，牛顿和莱布尼茨各自独立完成了微积分这一数学领域的贡献。微积分的内容主要包括极限、微分学、积分学及其应用。微分学包括求导数的运算，是一套关于变化率的理论。它使得函数、速度、加速度和曲线的斜率等均可用一套通用的符号进行讨论。积分学，包括求积分的运算，为定义和计算面积、体积等提供了一套通用的方法。

微积分究竟是谁发明的，数学界一般说法是英国科学家牛顿和德国数学家莱布尼茨各自独立完成了发明，但在 17 世纪，牛顿曾指责莱布尼茨剽窃了自己的成果，尽管莱布尼茨的学术论文发表在前，但牛顿认为自己的研究成果在先。英国数学家和欧洲大陆的数学家各为阵营，尤其是瑞士数学家雅各布·伯努利和他的兄弟约翰，都是莱布尼茨的拥趸，坚决捍卫莱布尼茨在这一领域的声名，而牛顿则以英国皇家学会会长的身份对莱布尼茨发起了舆论攻势。最终，这场纷争并未以其中任何一个人的胜利结束。在实际的微积分应用中，莱布尼茨的记号体系得到了较为广泛的应用，当然牛顿建立的完善的微积分体系也成为科学家们的共识。人们将微积分基本定理又称之为“牛顿－莱布尼茨公式”，就是对二人贡献的一种共同肯定。

11 达·芬奇密码中的密钥

悬疑历史小说家丹·布朗的作品《达·芬奇密码》中有一个情节，卢浮宫博物馆的馆长雅克·索尼埃被一个名叫塞拉斯的人谋杀，临死前他给自己的孙女索菲·纳芙留下了三条字谜，第一条字谜是一串数字，另外两条字谜则是两句诗：

其一：13-3-2-21-1-1-8-5

其二：O, Draconian devil!（啊，残忍的魔鬼！）

其三：Oh, Lame Saint!（啊哦，跛脚的圣徒！）

学者罗伯特·兰登通过仔细观察第一条字谜中的数字，发现那是打乱次序的斐波那契数列，重新排序后，得到这样一组数字：1-1-2-3-5-8-13-21。

很显然，这条数字信息是雅克·索尼埃馆长留给孙女解谜的钥匙。

兰登从数字被打乱次序中得到灵感，很可能诗句来自另外一句话，将那句话中构成单词的字母拆开，移动位置，重新构词产生新句。现在的诗句，就是重新构词后的结果，这是一套并不复杂的密码学知识，他很快就得到了答案：

Leonardo da Vinci!（莱昂纳多·达·芬奇）

The Mona Lisa!（蒙娜丽莎）

就这样，兰登解开了谜题。当然，激发兰登灵感的是那一串表面看起来混乱的数字，即斐波那契数列，这个数列是由中世纪的意大利数学家斐波那契提出来的。他在自己的著作《计算之书》中以一个数学问题的方式陈述了它，那就是兔子的繁殖问题。

假设有一对兔子，长两个月它们就算长大成年了。以后每个月都会生出1对兔子，生下来的兔子也都是长两个月就算成年，然后每个月也都会生出1对兔子。这里假设兔子不会死，每次都是只生1对兔子。

初始月，只有1对小兔子；

第1个月，小兔子还没长成年，还是只有1对兔子；

第2个月，兔子长成年了，同时生了1对小兔子，因此有两对兔子；

第3个月，成年兔子又生了1对兔子，加上自己及上个月生的小兔子，共有3对兔子；

第4个月，成年兔子又生了1对兔子，第三个月生的小兔子现在已经长成年了且生了1对小兔子，加上本身两只成年兔子及上个月生的小兔子，共5对兔子；

……

过了12个月之后，会有多少对兔子了呢？

如果仔细观察上面的数据，会发现一个规律，那就是前两个月相加的数据，等于后一个月的数据。我们不用一对兔子一对兔子叠加，就能推算出每个月的兔子数目。我们以 F 为初始值，那么就会得出以下一系列数据：

$F=1$，$F_1=1$，$F_2=2$，$F_3=3$，$F_4=5$，$F_5=8$，$F_6=13$，$F_7=21$，$F_8=34$，$F_9=55$，$F_{10}=89$，$F_{11}=144$，$F_{12}=233$

也就是说，初始月之后的第 12 个月，有 233 对兔子。后来人们把这种规律的数列命名为“斐波那契数列”。“斐波那契数列”在计算机编程中获得了广泛应用，尤其是矩阵递推。此外，人们还发现“斐波那契数列”在大自然中广泛存在，一些植物的花萼，果实的数目和树木的开叉分枝排列方式，都符合斐波那契数列。

人们根据斐波那契数列画出螺旋曲线，这种曲线又被称为“黄金螺旋”，由于其完美的构造和瑰丽造型，被建筑师广泛采用。旋转楼梯、穹顶，甚至大楼的外观都吸纳了其中的因子。数学与自然科学，与建筑学之间，完美地结合在了一起。

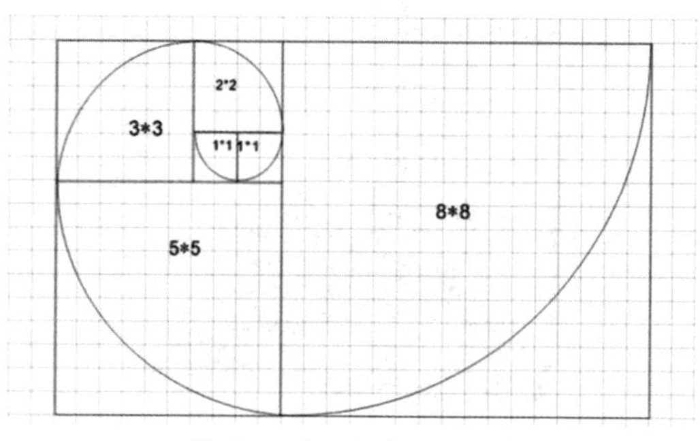

斐波那契黄金螺旋线

知识延伸

斐波那契数列：1，1，2，3，5，8，13，21，34，55，89，144，…

如果设 a_n 为该数列的第 n 项（$n \in N$），那么可以写成如下形式：

$a_n=a_{n-1}+a_{n-2}$（$n \geqslant 3$）

12 苏格拉底必定会死

公元前399年6月的一个傍晚，雅典监狱中一位年届七旬的老人即将被处决。他镇定自若地打发走了家属后，如往常般与朋友侃侃而谈。直到狱卒端了一杯酒进来，他才转向了酒杯。那是一杯能让他离开人世的毒酒，可是他仍然一饮而尽。弥留之际，他喃喃道："克力同，我欠了阿斯克勒庇俄斯一只鸡，记得替我还上这笔债。"说完，老人安详地闭上双眼，离去了。

这位老人就是伟大的思想家和哲学家苏格拉底，他的离世无疑是哲学界甚至是人类历史上的一个巨大的损失。如果苏格拉底没有被处死，那会发生怎样的事情呢？有人说无论如何，苏格拉底都必定会死，难道说他的死是上天注定的吗？

在回答这个问题之前，我们先来解释一个概念——三段论。三段论是传统逻辑中的一类主要推理论证方法，也叫作直言三段论。在三段论中，最多只能出现三个概念，这三个概念，在其分别重复出现的两次中，所指的是同一个对象，具有同一的外延，也就是说是同一个概念，不会出现第四个概念。关于三段论的系统理论是由古希腊哲学家亚里士多德首先提出的，后世在运用的过程中，逐渐地发展成为现代逻辑的三段论，在一定程度上弥补了亚里士多德三段论的缺陷。

但是从现代逻辑的角度看，三段论也只是一阶谓词逻辑中的一小部分。

回到原来的问题，苏格拉底是不是真的必死无疑呢？

亚里士多德在其著作《逻辑学》中，提出过一个著名的三段论："所有的人都会死；苏格拉底是人；所以，苏格拉底必定会死。"这是形式逻辑，间接推理的基本形式之一，由大前提"所有人都会死"和小前提"苏格拉底是人"推出结论"苏格拉底必定会死"。这看似很简单的几句话，却是蕴含着演绎归纳的数学思想。

但是亚里士多德提出的三段论有一些明显的不足，有空词项的三段论一旦出现概念的转变，就是不成立的了。就好比说：“我国的大学是分布在全国各地的；北京大学是我国的大学；所以，北京大学分布在全国各地。”这个三段论就是不成立的，这就是因为在这个推论中，“我国的大学”前后两次概念是不一样的。所以这个推论不成立。

也有一些人会钻三段论的空子，用来躲避自己不想做的事情。比如说，老师教育小李说要多锻炼身体，小李就对老师说：“运动员都要锻炼身体；我不是运动员；所以，我不要锻炼身体。”你知道小李的推论错在哪了吗？

知识延伸

空词项是指无所指称的词项，它们的外延集是空集。例如，命题“3和4之间的自然数小于5”中的词项“1和2之间的自然数”就是一个空词项。在确定一个词项是否为空词项时，必须考虑它出现的环境。要注意的是，我们的逻辑推理，有时候是不适用于空词项的，因此在逻辑推理中的词项，如果没有作特殊说明，则都是非空的。

13 交给数学家的战斗飞机

第二次世界大战中，美军面对日军的不断进攻，为了迅速获得战争的胜利，展开了大规模的战略轰炸，每天都会有成百上千架轰炸机出动执行任务，但是战机的损失很高。美国空军准备在飞机上增加钢板厚度，也就是加装能够抵挡得住敌人枪弹的装甲，以求降低损失。但是如果整机增加装甲，轰炸机的速度、航程、载弹量等都会受到影响，也不利于作战。到底该怎么办呢？美国空军一度一筹莫展。最终，他们决定把这个问题交给数学家亚伯拉罕·沃尔德。

怎么才能知道最应该在哪些地方增加装甲呢？这个问题既然是数学家解决的，那自然就离不开数学。在这个事件中，亚伯拉罕·沃尔德使用了统计学中的方法。

统计一词有三个方面的含义：

统计工作　　统计资料　　统计科学

统计工作是指搜集、整理和分析客观事物总体数量方面资料的工作过程，是统计进行的基础。统计工作所取得的各项数字资料及相关的文字资料就是统计资料，它一般反映在各种统计表、统计图、统计手册、统计年鉴、统计资料汇编和统计分析报告中。而对统计工作如何进行和统计资料如何得出两个问题进行研究的理论与方法，就叫作统计科学。

亚伯拉罕·沃尔德把统计表发给地勤技师，让他们把飞机上弹洞的位置报上来。然后自己铺开一张大白纸，画出了飞机的轮廓，然后按照统计表把那些弹洞一个个在纸上表示出来，画完之后就向大家展示了最后的图形。原来，根据统计表绘制出来的弹孔，让飞机浑身上下都是窟窿，但是有两个地方几乎是空白的——飞行员座舱和尾翼。

沃尔德在解释的时候说，从数学家的眼光来看，这张图明显是不符合概率分布规律的，而明显违反规律的地方往往就是问题的关键。为什么只有这两个地方没有弹洞的分布呢？飞行员们很快就明白了：如果座舱被击中，飞行员就会受到伤害，甚至死亡，就无法再驾驶飞机，而飞机尾翼中弹，飞机就会失去平衡坠毁。也就是说，这两处中弹，轰炸机多半就会被毁掉了，所以图上飞机这两处都是一片空白。因此，结论很简单，只需要给这两个部位焊上钢板就可以了。

战争是极端奇妙而复杂的，再好的兵器也会有它的不足，在这里，寻找在轰炸机上添加防弹装甲的地方，就是用数学的方法，从实战经验中提炼出规律，然后再运用到实战中。

知识延伸

二战期间，英国空军经常派出轰炸机用深水炸弹来对付德国的潜艇，但效果并不理想。德国的潜艇仍然不断袭击英国的运输船或军舰。于是，英军请来一些数学家解决问题。统计发现，英军的深水炸弹往往下沉到21米才爆炸，而德国潜艇往往只下潜至7米左右的位置，所以爆炸对潜艇的命中率很低。英军采纳了数学家的建议，将爆炸深度调整到9米左右。不久，轰炸效果提高了很多倍，以至于德军误以为英军使用了新式武器。

Part 2

伟大的数学探索

14 数学课上的捣蛋鬼发现

高斯出生于德国不伦瑞克的一个工匠家庭，7 岁的时候进入耶卡捷林宁国民小学读书。入学不久，就以聪明伶俐而且喜欢捣蛋而闻名全校。他经常会提出一些令老师们意料不及的问题，但是老师们对他保持了尽可能的宽容。他在数学上表现出独特的天赋，这一点尤其令老师们感到惊奇。

有一次上数学课，老师布特纳出了一道很繁杂的计算题，要求学生把 1 到 100 的所有整数加起来。他本来以为学生要计算很久，可是没想到叙述完题目不久，高斯马上就把写着答案的小石板交了上去。布特纳起初并没有特别在意高斯的答案，心想这个捣蛋鬼又在要小聪明，但他很快就发现全班居然只有高斯的答案是正确的，更让他吃惊的是高斯的计算方法。原来高斯发现了这个式子的一个规律：第一个数加最后一个数是 101，第二个数加倒数第二个数的和也是 101，共有 50 对这样的数，用 101 乘以 50 就得到 5050。这种算法是他未曾想过，也未曾教过的计算方法。

下课之后，数学老师彪特耐尔对校长说："我再也不可能教给高斯新的知识了。"

高斯

高斯的数学老师布特纳在课堂上要求学生们做的题目，我们在小学的时候也许也都遇到过。1+2+3+4+…+100，计算的时候是一项加一项的，项数少的时候得出结果并不难。但是如果项数足够多的时候，也要一项一项地加吗？这种计算方式不但耗时耗力，而且中间稍微出一点差错，就会导致整个结果完全错误。那么，怎样才能最快最准确地得到答案呢？

高斯的方法用公式来表示，就是：$n(1+n)/2$。

代入题目，就是 100（1+100）/2=5050

在现代数学上，这个问题被称为求等差数列之和。

等比数列是指从第二项起，每一项与它的前一项的差等于同一个常数的一种数列，常用 A、P 表示。这个常数叫作等差数列的公差，公差通常用字母 d 表示。通项公式为：$a_n=a_1+(n-1)d$,（n 为正整数）。

15 田忌赛马背后的经典数学理论

齐国大将田忌喜欢赛马，经常用自己的良马和贵族们比赛。有一回，他和齐威王约定，要进行一场比赛。他们商量好，把各自的马分成上、中、下三等。比赛的时候，同等级的马对同等级的马，以示公平。但是齐威王每个等级的马都比田忌的马强一些，所以尽管比了几次，田忌都毫无悬念地输了。

垂头丧气的田忌回到府中，他的门客孙膑询问缘由，田忌坦言自己赛马输了。当孙膑了解了他的赛马方案后，不由笑了。他对田忌说："将军

孙膑

放心，只要你按照我的方法比赛，一定能够赢。”

田忌一听大为欣喜，说道：“请先生指教。”

孙膑说：“请将军用自己的下等马对大王的上等马，中等马对大王的下等马，上等马对大王的中等马，必然能够赢得比赛。”

田忌心存疑惑，但仍然依照孙膑的方案参与了比赛。

在第一场中，田忌的下等马输给了齐王的上等马；在第二场中，田忌的中等马赢了齐王的下等马；在第三场中，田忌的上等马毫无悬念地赢了齐王的中等马。”

最终，田忌以2比1赢了齐王，这令他大为欣喜。他认为孙膑身负奇才，当即向齐王推荐了他，被齐王任命为军师。

一直输的田忌，为何改变了比赛方案就赢了呢？这里面其实包含着一个著名的数学问题，对策论，也称为“博弈论”。博弈论起源于20世纪初，1994年由数学家冯·诺依曼和经济学家摩根斯坦恩在二人合著的《博弈论和经济行为》中明确提出，从而奠定了这一理论的基础。近20年来，博弈论作为分析和解决冲突和合作的工具，在管理科学、国际政治、生态学等领域得到广泛的应用。

简单地说，博弈论的定义是研究决策主体在给定信息结构下如何决策以给自己带来最大效用以及不同决策主体之间决策的均衡。博弈论由3个基本要素组成：一是决策的主体，也可以叫作“参与人”或“局中人”；二是给定的信息结构，就是产生决策的空间和产生的决策，也叫作“策略集”；三是效用，就是指采用决策后会给参与人带来的利益，这也是所有参与人真正关心的东西。这三个要素就构成了一个基本的博弈。

在一个博弈过程中，无论对方的策略选择如何，当事人一方都会选择某个确定的策略，则该策略被称作支配性策略。如果任意一位参与者在其他所有参与者的策略确定的情况下，其选择的策略是最优的。这就是非合作博弈均衡，由经济学家约翰·纳什提出，故而又称为“纳什平衡”。

时至今日，博弈论已经发展成了一门极其完善的学科，在金融学、证券学、经济学等领域得到了广泛的应用。

不动点理论是经济均衡研究的主要工具。通俗地说，寻找均衡点的存在性等价于找到博弈的不动点。

设 x 是一个完备的度量空间，映射 $f:x\to x$ 把每两点的距离至少压缩 λ 倍，即 $d(f(x),f(y))\leqslant\lambda d(x,y)$，这里 λ 是一个小于 1 的常数，那么 f 必有而且只有一个不动点，而且从 x 的任何点 x_0 出发作出序列 $x_1=f(x_0)$，$x_2=f(x_1)$，…，$x_n=f(x_n-1)$，…，这序列一定收敛到那个不动点。这条定理是许多种方程的解的存在性、唯一性及迭代解法的理论基础。

由于分析学的需要，这条定理已被推广到非扩展映射、概率度量空间、映射族、集值映射等许多方面。

16 三百二十多年的数学悬案

费马是17世纪法国的一名律师，也是一位业余数学家。事实上，他青年时期毕业于奥尔良大学和图卢兹大学，法律专业毕业后回到家乡担任参议员和律师。在他的一生中，大部分时间从事法律方面的职业，与同时代的数学界学者往来记录很少。在他的早期职场生涯中，他担任了长达7年的地方议会议员。直到1642年，赏识他的最高法院顾问波利斯亚斯推荐了他，他才成为议会的首席发言人。也就是说，费马的官宦生涯是相当平淡无奇的。

1665年，费马去世了。他的长子萨默尔在整理他遗留下的书籍时，在一本古希腊数学家丢番图的著作《算术》的空白处发现了一段话："将一个立方数分成两个立方数之和，或一个四次幂分成两个四次幂之和，或者一般地将一个高于二次的幂分成两个同次幂之和，这是不可能的。"在这段话的后面，跟着这样一句话："关于此，我确信已发现了一种美妙的证法，可惜这里空白的地方太小，写不下。"

这究竟是一个玩笑，还是一个伟大的数学猜想？

至少在 30 岁之后，费马才开始研究数学，但鉴于他身后的数学研究不断曝光，尤其是在解析几何、微积分、概率论等领域做出的贡献，数学家们没有怀疑他写在书籍空白处的这条定理——被后世数学界称为“费马大定理”（费马猜想的数学难题）。最先对这一数学问题发起冲锋的是瑞士数学家欧拉，他在 1753 年给德国数学家哥特巴赫写了一封信，拿出了自己的证明思路，他的这一成果被发表在 1770 年的《代数指南》杂志上。在此后的 100 年里，法国数学家热尔曼、拉梅，德国数学家狄利克雷、库默尔，包括大数学家高斯在内，接力性地对这一数学问题进行了证明，但都没有完成最终的证明。

1908 年，德国哥廷根皇家科学协会设立了一个高达 10 万马克的奖项，用来颁发给证明“费马大定理”的人。1922 年，英国数学家莫德尔针对费马大定理提出了一个猜想，即“莫德尔猜想”。1983 年，德国数学家法尔廷斯证明了莫德尔猜想，这为费马大定理的研究工作翻开了新的篇章。为此，1986 年的菲尔兹数学奖颁发给了法尔廷斯。

在欧洲以外的地方，费马大定理同样得到了数学家们的高度关注。1955 年，日本数学家谷山丰提出了证明费马大定理的新思路，他的方法获得了另一个数学家志村五郎的支持，对这一工作进行了更深的探索性研究，后世将他们的研究称为谷山－志村猜想。1986 年，英国数学家怀尔斯在谷山丰与志村五郎的猜想基础上开始证明工作，1993 年，他在剑桥大学的一个研究所为数学界人士做了一场讲座，讲座结束后，他说："我想我就在这里结束。"这时候会场上爆发出热烈的掌声，这场讲座的内容，实际上是"费马大定理"的证明。

在费马大定理证明之后的几个月里，怀尔斯教授又修补了证明过程中的一个漏洞。至此，这意味着这宗长达 320 余年的数学悬案彻底终结了。

费马大定理：当整数 $n>2$ 时，关于 x，y，z 的方程 $x^n+y^n=z^n$ 没有正整数解。

17 迄今没有获得终极解决的数学命题

1742年6月7日，住在俄国圣彼得堡的大数学家欧拉，收到了一封信，信中提出了两个猜想，希望欧拉能给予证明。这两个猜想看起来很简单，很朴实，却让大数学家欧拉觉得很不可思议，而且无法给予证明。这两个猜想居然让闻名全球的欧拉无法证明，它们是什么呢？写这封信的人又是谁呢？

欧拉收到的信，来自当时一个住在圣彼得堡的德国中学教师，他的名字叫作哥德巴赫。聪明的你现在应该也知道了，那两个难住了大数学家欧拉的猜想，就是著名的哥德巴赫猜想。哥德巴赫猜想，被誉为数学桂冠上一颗可望不可及的“明珠”。那么，究竟是什么样的猜想能够历经300多年还未被人证明呢？

哥德巴赫猜想有两个问题：第一，是否每个大于 4 的偶数都能表示为两个奇质数之和呢？比如，6=3+3，8=3+5 等。第二，是否每一个大于 7 的奇数，都能表示为 3 个奇质数之和呢（弱哥德巴赫猜想）？比如，9=3+3+3，17=5+5+7 等。在这里，如果第一个猜想是正确的，那么第二个猜想就可以由第一个猜想推导出来。因为每一个大于 7 的数字很显然，都可以表示为一个大于 4 的偶数和 3 的和。可是，怎么去证明第一个猜想是正确的呢？历经 300 多年了，虽然有人证明了猜想的部分正确，却一直没有一个人能够完整确切地证明出这个猜想的完全正确性，也因而，这成了数学史上一个难住了无数数学家的问题。

哥德巴赫猜想在生活中出现的不是特别多，它更多的是在数学界被众多的数学家们研究。每一个爱好数学的人，都会想要去摘得这颗数学皇冠上最大的明珠。

哥德巴赫猜想是数的一种表现次序，人们对它的持久的热爱，是因为人本性中对于次序性的一种本能。哥德巴赫猜想转换成数学语言就是说，任何一个大于 3 的自然数 n 都有一个 x，使得 n+x 与 n–x 都是质数，因为，（n+x）+（n–x）=2n。这是一种质数对自然数形式的对称。换句话说，哥德巴赫猜想对于质数和自然数的意义，就像口哨对于牧童和羊群的意义，牧童用口哨唤齐乱跑的羊群，而自然数用哥德巴赫猜想掌控质数。这是人们对于自然数的一个更深刻的认识的反映。

1966 年，中国数学家陈景润在《科学通报》上发表了有关“1+2”的证明，即“任何一个充分大的偶数都可以表示成两个素数的和或者一个素数及一个 2 次殆素数的和”。1973 年，他拿出了“1+2”的详细证明，并对 1966 年发布的研究进行了修正。在同年 4 月，《中国科学》杂志刊发了其论文《大偶数表为一个素数及一个不超过两个素数的乘积之和》，“陈氏定理”就此在数学界诞生。陈景润也成为冲击“哥德巴赫猜想”这一数论难题最知名的数学家之一。

2013 年 5 月，巴黎高等师范学院研究员、秘鲁数学家哈洛德·贺欧夫各特发表了相关论文，宣称彻底证明了弱哥德巴赫猜想。同为数学家的大卫·普拉特用计算机对他的证明过程进行了验证，发现他的证明符合猜想。

那么，“哥德巴赫猜想”这一数学命题彻底解决了吗？

事实上，迄今为止，人们在“哥德巴赫猜想”的研究上只是一步一步地前进，挪威数学家布朗证明了“9 + 9”，德国数学家拉特马赫证明了“7 + 7”，还有英国数学家埃斯特曼，匈牙利数学家瑞尼，以及包括中国数学家陈景润、王元在内的众多数学家们，都只是在这座数学山峰上开辟了路径，但并没有给出终极的证明结果。数论领域的研究，仍然期待着更多天才的诞生。

知识延伸

为什么 1 不是质数。质数就是指在所有比 1 大的整数中，只能把 1 和它本身作为因数的自然数，如 3、5、7、11 等这种没有第三个因数的数字就叫作质数。质数在有些地方也被叫作素数。

历史上曾经将 1 也包含在质数之内，但是为了算术基本定理，最终数学家们把 1 排除在质数之外。而从高等代数的角度来看，1 是乘法单位元，也不能进入质数的范围，并且，所有的合数都是可以由若干个质数互乘而得到，所以，1 也就无缘被作为质数了。

18 醉鬼的脚印

真的无规律吗

1827年的一天晚上，苏格兰植物学家布朗和几个朋友外出小聚，当他们结束聚会，各自回家的时候，街头的几个喝醉酒的醉鬼引起了他的注意。一个醉鬼踉踉跄跄地在暗夜的街面上留下无规律的脚印，他歪向道路的左侧，扶住斑驳古老的墙壁，蹲在地上呕吐了一阵。之后似乎清醒了一点儿，起身向街口走去，又慢慢地向右侧歪斜，但并未摔倒，就这样一歪一斜地消失在了路灯昏暗的沉沉夜色中。表面上来看，醉鬼的脚步毫无规律可言，在酒精的作用下，人的小脑被麻痹，几乎丧失了平衡能力。问题来了，醉鬼纷乱的脚印真的是无规律的吗？

布朗带着这个问题默默的回了家，他也没有找到答案。

有一天在实验室里，布朗用显微镜观察植物的花粉，惊奇地发现这些悬浮在静止水面上的花粉微粒，在不停地做无规则运动，仿佛喝醉酒的醉鬼一般。布朗把这种运动记录了下来，这种无规则的运动被命名为“布朗运动”。

布朗运动轨迹

1900 年，法国数学家巴契里耶从理论上，对布朗运动进行了研究，形成了“投机理论”，这是将股市和布朗运动联系在一起的最早研究。巴契里耶认为，市场价格同时反映过去、现在和将来，而这些事件与价格变动却没有明显的关系。股价就像液体中的花粉，受到周围投资者买卖的碰撞，而呈现出布朗运动，运动的范围与时间的平方根成正比。

这种将布朗运动与股票价格行为联系在一起进而建立起的数学模型，是 20 世纪的一项具有重要意义的金融创新，在现代金融数学中占有重要地位。迄今，普遍的观点仍认为，股票市场是随机波动的，随机波动是股票市场最根本的特性，是股票市场的常态。

到了 1921 年，美国应用数学家诺伯特·维纳首先从数学角度研究“布朗运动”。他用函数空间的点来表示作布朗运动的粒子的路径，并证明，所有这些路径除了概率为 0 的集合之外，都是连续但又不光滑即几乎处处不可微的。他运用勒贝格积分计算了这些路径上函数的平均值。1923 年，维纳第一次给出随机函数的严格定义，证明可以是布朗运动的理论模型。维纳的这一贡献，被称为“维纳过程”。

俄罗斯数学家马尔科夫对布朗运动进行了更深入的研究，他在 1906—1907 年间发表的研究中为了证明随机变量间的独立性不是弱大数定律和中心极限定理成立的必要条件，构造了一个按条件概率相互依赖的随机过程（马尔科夫过程），并证明其在一定条件下收敛于一组向量，这一随机过程被后来的数学研究者命名为“马尔科夫链”。

马尔科夫的研究引导后世数学家在这一领域的研究走得更远。1931年，另一位俄罗斯数学家安德雷·柯尔莫哥洛夫发表了《概率论的解析方法》，首先将微分方程等分析方法用于马尔科夫过程的研究，奠定了它的理论基础。大约在1951年，日本数学家伊藤清在前人的研究基础上，建立了随机微分方程的理论，为研究马尔科夫过程开辟了新的道路。此后，有更多数学家拓展了这一领域的研究，如登金和角谷静夫。时至今日，马尔科夫过程更大范围的研究仍然有待深入。

知识延伸

荷花池中有一只青蛙，它从一片荷叶上跳跃到另一片荷叶上。青蛙依照瞬间起念从一片荷叶跳到另一片荷叶，由于青蛙是没有记忆的，当所处的位置已知时，它下一步跳往何处和它以往走过的路径无关。如果将荷叶编号并用x_0，x_1，x_2，…分别表示青蛙最初所在的荷叶号码及第一次、第二次，第三次，…跳跃后所处的荷叶号码，那么$\{x_n, n \geq 0\}$这就是马尔科夫过程的形象化，这样一来，我们对马尔科夫过程是否有了更直观的了解呢？

19 数学上的三大难题之一
——四色猜想

我们都看见过地图，地图上面总是有不同的颜色，不同的颜色可以代表不同的国家，以便可以清晰地看出各国的领土。也就是说，在地图的着色中，相邻的表示不同国家的区域就需要使用不同的颜色。那么，一张地图最少要用多少种颜色，才能确保相邻区域颜色不一样呢？

关于地图的着色，有一个有名的定理叫作“四色定理”。“四色定理”的内容是：“任何一张地图只用四种颜色，就能使具有共同边界的国家着上不同的颜色。”用数学语言表示就是：将平面任意地细分为不相重叠的区域，用1、2、3、4四个数字标记这些区域，可以使得标记相邻两个区域的数字不相同，这就是著名的“四色定理”。但是它原来可不是叫作“四色定理”，原来的它叫作“四色猜想”。

1852年，刚从伦敦大学毕业的费南希斯·葛斯里在对英国地图着色时，发现了一个十分奇特的现象：不管地图上的区域有多少，地图有多复杂，区分每一个相邻的区域只用4种颜色就可以了。也就是说，只要4种颜色就能表示出每两个相邻国家的地理区域。

他虽然觉得奇特，却不知道如何证明，于是他把这个消息告诉了他的兄弟费德雷克·葛斯里。尽管费德雷克的数学颇有成就，但对于这个发现的证明他也无能为力，不得已只好求教于他的老师——著名的摩根教授。没想到摩根教授也被难住了，这个问题又被传到了著名数学家哈密顿那儿。数学造诣极深的哈密顿，对于这个问题苦苦思索了3年，直到去世也没有任何结果。

英国数学家凯利

1878 年，在伦敦数学年会上，英国数学家凯利把这个问题表述为“四色猜想”：画在纸上的每张地图只需要用 4 种不同的颜色，就可以使所有相邻的国家染有不同的颜色。在当时，它成为了与“费马大定理”“哥德巴赫猜想”齐名的近代三大数学难题之一。

1976 年，英国数学家何佩尔和哈肯借助 3 台超大型计算机的分析，用很复杂的方法证明了“四色猜想”。他们的证明写了好几百页，耗时 1200 多个小时。于是，延续了 124 年的“四色猜想”终于成为“四色定理”。

这个结果出来的时候，整个数学界为之轰动。而为了纪念这一历史性的时刻，两位数学家所在的伊利诺伊大学邮局将这样的邮戳——“Four colors suffice.”（四种颜色足够了。）——盖在了每个邮件上。

“四色定理”被证明，不仅仅是解决了一个历时100多年的难题，而且成为数学史上一系列新思维的起点。在“四色定理”的研究过程中，不少新的数学理论随之产生，也发展了很多数学计算技巧，如将地图的着色问题化为图论问题，丰富了图论的内容。不仅如此，“四色定理”在有效地设计航空班机日程表，设计计算机的编码程序上都起到了推动作用。

另外，在生活中许多其他的领域，如艺术品和家居饰品，许多都会运用到四色定理来使得图形看起来更为明朗和简洁。

知识延伸

在“四色定理”之前，人们是先证明了“五色定理”的。1890年，数学家赫伍德借鉴前人的方法，成功地证明了用5种颜色就可以区分地图上相邻的国家，这就是“五色定理”。

20 西西弗斯的数学串

希腊神话中有一个名叫西西弗斯的人，他是科林斯国王，也是一位智者。河神伊索普斯美丽的女儿伊琴娜失踪了，他来到科林斯向西西弗斯求助。西西弗斯接受了他的请求，但是要用一条河川作为交换的条件。之后他告诉了伊索普斯一个秘密：是万神之王宙斯掳走了伊琴娜。

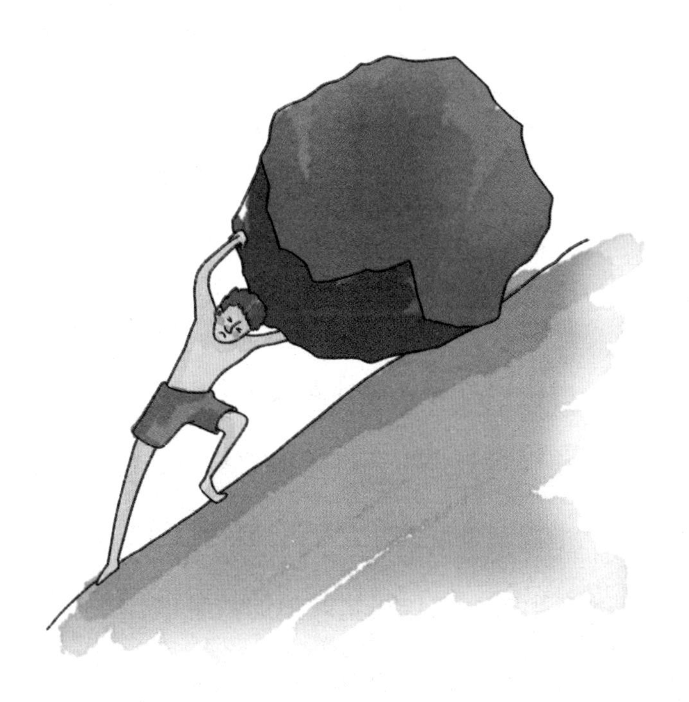

西西弗斯泄露了宙斯的秘密，引得宙斯大怒，他决定将西西弗斯处死，但聪明的西西弗斯却绑架了死神，人类世界很长时间内都无人死亡。西西弗斯的行为惹怒了众神，他们惩罚西西弗斯将一块巨石推上山顶，但是当石头快接近山顶的时候突然滚下了山脚，西西弗斯不得不重新开始往上推，他发现当自己快接近目标的时候，石头就会滚下去。因而，他不得不一次又一次地重复这一单调、徒劳的行为，没有始终。

在数学上，存在这样一种数字串，设定一个任意数字串，数出其中的偶数个数、奇数个数及其中所包含的数字的总个数，进行排列，直到最后所得的数字串。例如：46818957891，这个数字串中的偶数个数为5，奇数个数为6，数字的总个数为11。将答案按“偶—奇—总”的位序排列而得到新数为：5611。将新数5611按以上规则重复进行，可以得到新数：134。将新数134按以上规则重复进行，可得到新数：123。

你还可以设定其他的数字串，查看最后的结果有什么不同。当然，到最后你会发现，对于任意数字串，按以上规则重复进行下去，最后必然会得出“123”的结果。换言之，也就是说，任何数字串按照规则排列之后的最终命运，都无法逃脱123这个新数，这就是“西西弗斯串”，又被称为“数字黑洞”。

西西弗斯串的排列规则如果稍加变动，我们还可以找到一些其他的数字黑洞。比如，任取一个三位数，个、十、百位上数字各不相同，然后把这3个数字按大小重新排列，用得出的最大数减去最小数，得到一个新数。再让这个新数按大小重新排列，再相减，最后就会得出同一个数字——“495”。你可以自己作一下试验。

那么对于四位数，是不是也会出现这种情况呢？答案是肯定的，它最后都会停在“6174”这个数字黑洞上。任取一个四位数，只要4个数字不全相同就可以了，然后按数字递减顺序排列，构成最大数作为被减数，按数字递增顺序排列，构成最小数作为减数，两数相减差就会等于

6174。如果不是6174，就按规则再减一次，至多不过7步就必然会得到6174这个数字串。

其实，我们可以看到，“数字黑洞”并不仅仅是一个数，它有几个数，让各种数字串在里面来来回回地绕个不停，却无法出来。例如，对于五位数而言，就已经发现了两个“圈”，它们分别是{63954，61974，82962，75933}和{62964，71973，83952，74943}。

对于数字黑洞来说，无论怎么去设值，在规定的处理法则下，最终都只能得到一个固定的数字串，无法跳出去。这个现象为密码的设置破解开辟了一个新的思路。

知识延伸

在含有未知数变量的代数式中，当未知数变量任意取值时其运算结果都不改变，我们把这时的数字结果叫黑洞数。根据运算性质的不同，我们把黑洞数分为以下三种类型：整数黑洞数，模式黑洞数，方幂余式黑洞数。

21 世界上最大的数有多大

原始社会，有两个智者比试谁最聪明，两个人约定谁说的数字大谁就是最聪明的人。于是一名智者抢先说："1。"另一名智者沉默了一会儿，面露喜色地说："2。"然后第一名智者开始苦苦思考，想了半天，也说不出比 2 更大的数，只好跟第二个智者认输："你赢了。"

当然，这只是一个笑话。但是不能否认，在古人的心中，那些很大的数字，是无法说出来的。它们就像天空中的星星一样，数也数不清。于是他们只好在表示极多的时候，笼统地说一声"不计其数"。在生产力低下的原始时期，人们无法了解最大的数，是无可厚非的，那么，在科技如此发达的现代，是不是能知道最大的数字是哪个呢？

人类使用的最早的计数工具，无疑是手指和脚趾，但是它们加起来也只能表示20以内的数字。当数目超过20的时候，手脚就不够用了，于是，大多数的原始人就开始用小石子来记数。

后来渐渐地，人们又发明了打绳结来记数的方法，然后慢慢地发展到在兽皮、兽骨、树木、石头等物品上刻画记数。在中国古代，人们是用木、竹或骨头制成的小棍来记数，称为“算筹”。这些记数方法和记数符号慢慢转变成了最早的数字符号。如今，世界各国都把阿拉伯数字作为标准数字使用。

阿基米德

首先提出记述庞大数字的人是公元前3世纪古希腊的科学家阿基米德，他在《砂粒计数》中提出了大数的表示方式，和现代数学中表达大数的方法很类似。他是怎么表示的呢？原来，阿基米德借鉴古希腊算术中最大的数“万”，创造了一个新词

“万万”作为第二阶（相当于如今的亿），然后是“亿亿”（第三阶单位）、“亿亿亿”（第四阶单位），等等。

在印度的大乘佛教有许多表示巨大数字的名称，如“恒河沙”“那由他”等。恒河多沙，佛祖喜欢用“恒河沙”来形容数量多得像恒河里的沙粒那样无法计算。《金刚经》里佛祖跟孙悟空的师父说话的时候就用到过“恒河沙”这个词。但“恒河沙”“那由他”表示的还不是最大的数，最大数目的表示法，叫作“阿僧祇”，据说相当于10的110次方。

英语里通常用centillion表示最大的数字，大到什么程度呢？在1的后面再加上600个零。比这更大的数就只能用文字来说明了。不过，还有人设计了一个单词叫millimillimillillion，意思为10的60亿次方，也有人叫作megiston。但是这个数字太庞大了，不管是生活还是生产，都用不上，所以没什么实际的意义。天文学上用的数字就是最大的了，我们目前观察到的总星系中，质子和中子的全部总数也不过10的80次方而已。美国已故哥伦比亚大学教授、数学家爱德华·卡斯纳创立了googol，用来表示最大的数，它相当于10的100次方。从10的10次方到10的100方中间的所有数的集合，就称为“googol群”。

数学界已为人所熟悉的最大数字，被命名为Skewes，表示10的10次方的10次方的3次方。首先提出这个数字的人，是南非开普敦大学的教授史丘斯，他在自己关于素数的论文中提到过它。

知识延伸

现在世界上通用的数字叫作阿拉伯数字，其实它并不是起源于阿拉伯，而是起源于古印度。阿拉伯数字是古代印度人在生活和生产中逐步创造出来的。到公元前3世纪，印度出现了整套的数字，但是在各个地方的写法是不一样的，其中运用最广泛的是婆罗门式。它的特点是从“1”到“9”每个数都有专门的符号。现代的数字就是由这一组符号演化而来的。“0”这个数字符号是在笈多王朝时期出现的。公元4世纪完成的数学著作《太阳手册》中，已使用“0”的符号，当时只是实心小圆点“·”。后来，小圆点演化成为小圆圈“○”。这样，一套从“1”到“0”的数字就形成了。可以说，这是古代印度人民对世界文化的巨大贡献。

22 难住了数学家的过桥问题

普鲁士的哥尼斯堡（今俄罗斯加里宁格勒）是一座古老而美丽的城市。布勒格尔河的两条支流在这里汇合，然后横贯全城，流入大海。河的中心都有一个小岛，河水把这个城市分成了 4 个部分。为了出行方便，人们建造了 7 座桥，把哥尼斯堡连成了一体。城市的居民在从桥上走过的日子里，思考着一个有趣的问题：能不能够一次走过这 7 座桥，每座桥只走一次呢？

居民们始终没有找到一个方法能走过所有的桥而不重复，于是就写信向大数学家欧拉求教。欧拉在 1736 年收到了信件并开始研究这个问题。他想了很久都没有办法解开七桥问题。之后，欧拉开始猜测是不是七桥问题本身就是一个无解的问题。他将七桥问题图形化后发现，七桥问题果然是无解的。

欧拉用点表示岛和陆地，两点之间的连线表示连接它们的桥，将河流、小岛和桥简化为一个简易的数学图，把七桥问题化成判断能否一笔画连通各点的问题。推断的过程是这样的：除了起点以外，每一次当一个人由一座桥进入一块陆地（或点）时，这个人同时也由另一座桥离开此点。所以每经过一点，就需要计算两座桥，也因此，每一个陆地与其他陆地连接的桥数必须为偶数，这样才有可能一次走完不重复。而七桥所成之图形中，没有一点含有偶数条数，也就是说居民们的想法是无法完成的。这样，欧拉不仅解决了这个七桥问题，而且给出了这种一笔画连通各点的充要条件：各点之间是连通的，且奇顶点（通过此点弧的条数是奇数）的个数为 0 或 2。

在解决七桥问题时，欧拉首次引入了一个概念——图，也就是欧拉将岛和陆地用点表示，桥用线段表示，进而连结成图形的方法。欧拉开创的这门新的数学分支，称为“图论和几何拓扑”，是专门研究图的理论和应用的。这与我们几何中学习的三角形、正方形等图形是不同的，我们在图论中不讨论边的夹角以及面积等几何问题。为了纪念欧拉，人们把起点与终点重合的一笔画的图称为“欧拉图”。

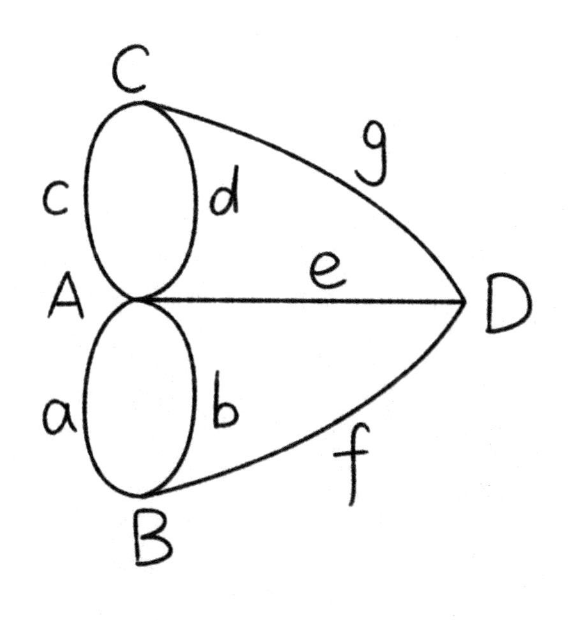

在现实生活中有许多事情都可以用图来描述，如用点表示国家，则国家之间的外交关系就可以用连接点的线来表示，也就是外交图示；还有如城市之中的交通图，各个站点用点表示，中间的路线用连接线表示，这样就形成了简单、明了的交通图；还有城市之间的各种联系，包括文化上的、经济上的联系，都可以生动、直观、形象地用图形表示出来。

欧拉定律

如果一个连通平面图 G 有 v 个顶点、e 条边、f 个面，那么

$v-e+f=2$

证明

对 G 的边数用数学归纳法

若 G 只有一个顶点，则 $v=1$，$e=0$，$f=1$，故 $v-e+f=2$ 成立

若 G 为一条边，则 $v=2$，$e=1$，$f=1$，故 $v-e+f=2$ 成立

若 G 增加一条边，则 $v-(e+1)+(f+1)=v-e+f=2$ 成立

若 G 增加一个顶点，则 $(v+1)-(e+1)+f=v-e+f=2$ 成立

按照数学归纳法原理，定理对于任何联通平面图成立。

23 河图洛书的秘密

相传在上古时期，部落联盟的领袖伏羲氏把天下治理得井井有条，得到了人民的普遍爱戴。有一天他正在黄河边上的一座山上苦苦思考天地宇宙的奥妙，忽然从河水中越出一匹龙马，这匹马浑身布满龙鳞，闪烁着光芒，背上还驮着一张图。伏羲氏接受了这张图后，那匹马就消失在了河流深处的波涛里。后来，他根据这张图画了八卦。中国古代的典

籍《尚书》里也沿袭了这个传说。后来大禹治水，从早上一直忙到晚上，经常顾不得休息，百姓们都愿意跟随他，这时从洛水中浮出一只大乌龟，背上有图有字，人们称为“洛书”。后来，人们便将这两幅合称为“河图洛书”。“河图”的图案相对而言比较复杂，我们单就“洛书”的情况做个简单的了解。

“洛书”图中共有20个黑圈，25个白圈。这些黑白圈按照一首歌诀排布：九宫之义，法以灵龟；二四为肩，六八为足；左三右七，戴九履一，五居中央。具体如右图所示。

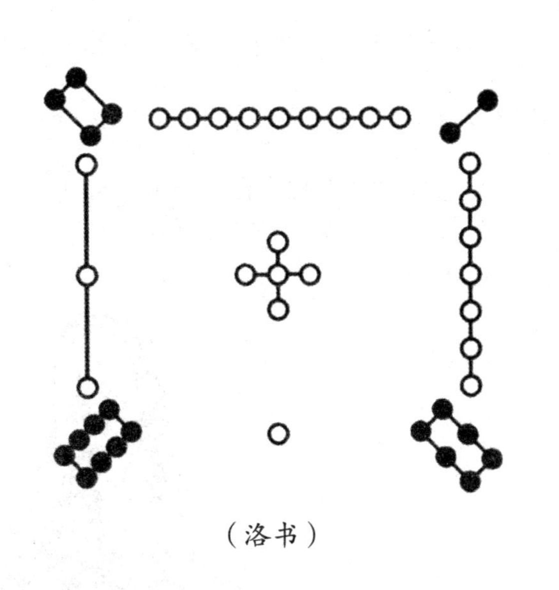

（洛书）

4	9	2
3	5	7
8	1	6

如果把“河图”按照行列来排布，刚好是三行三列，也就是一个九宫格，我们按照九宫格，把图中黑白圈对应的数字填进去，具体如左图所示。

在这张九宫格中，我们发现了一个神奇的数学密码：图中行、列、对角线上的三个数字相加，得数都是 15。

这是什么呢？这就是现代人所熟知的三阶幻方。

幻方在我国出现很早，最早被称为“纵横图”，早在南宋时期数学家杨辉就发现了它。据说，在西方流行的“幻方”就是从中国传入印度，又从印度传入阿拉伯地区，最后传入西方社会的。“纵横图”传入西方后，被称为 Magic Square，翻译成中文就是“幻方”或“魔方”。人们把由 9 个数 3 行 3 列的幻方称为“3 阶幻方”，更高等级的则有 4 阶、5 阶等幻方。

幻方在现代数学中是一门前沿的研究，尤其是在电子计算机的发展中，幻方的应用得到了极大的重视。现在它在组合分析、图论、人工智能等各种新兴领域都有所应用。美国计算机协会主编的 CACM 程序汇编中，也把幻方的编造程序收了进去。

建筑学家勃拉东发现幻方的对称性极为丰富，其中有许多美丽的图案，他把这些线条称为“魔线”，应用到他的作品中，也用于轻工业品、封面包装等设计中。

加拿大滑铁卢大学的一位专家，发现了幻方与“拉丁方”的内在联系，而“拉丁方”在实验设计领域中的无比重要性，使得幻方更加引起了人们的重视。国外出版的《现代代数及其应用》这本专门著作里就把幻方列为专门题材。

知识延伸

杨辉，中国南宋时期杰出的数学家和数学教育家。字谦光，钱塘（现在的杭州）人，生平履历不详。由现存文献可以推知，杨辉担任过南宋地方行政官员，为政清廉，足迹遍及苏杭一带，他著名的数学书共5种21卷。他是世界上第一个排出丰富的纵横图而且讨论了纵横图构成规律的数学家。他与秦九韶、李治、朱世杰并称为“宋元数学四大家”。

24 布丰的家庭聚会

1777 年的一天，法国科学家 D. 布丰邀请了很多朋友，参加他的家庭聚会，并受邀参与了一个试验。客人到齐之后，他兴致勃勃地拿出一张纸，纸上预先画好了若干条等距离平行线。接着他又拿出一些小针，这些小针的长度都是纸上平行线间距离的一半。然后布丰先生对客人说：“请诸位把这些小针，一根一根往纸上扔吧！不过，请大家扔完后告诉我扔下的

针是否与纸上的平行线相交。”客人们都很好奇，很快就把小针都扔完了。然后布丰先生又让他们继续，他们就把小针又捡起来再扔，而布丰先生本人则在一旁数着，记着。这样过了将近一个钟头，布丰先生终于喊停了。然后他向众人展示了他的记录结果：“先生们，我这里记录了大家刚才的投针结果，总共投针是 2212 次，其中与平行线相交的 704 次。总数 2212 与相交数 704 的比值为 3.142，也就是圆周率 π 的近似值！”大家都表示很神奇：这是为什么呢？

布丰投针实验是第一个用几何形式表达概率问题的例子，值得一提的是，他采用的方法是设计一个适当的实验，这个实验是以概率为原理的，而这个概率的数值与我们感兴趣的一个量（如 π）又有关，于是就利用实验结果来估计这个量。

1901 年，意大利数学家拉兹瑞尼对外宣称自己进行了更加精确的投针实验，每次投针数为 3408 次，平均相交数为 1808 次，给出 π 的值为 3.1415929。也就是说，准确性达到了小数后 6 位。不论拉兹瑞尼是否实际上进行了这个投针实验，美国犹他州奥格登的国立韦伯大学的L.巴杰教授进行了批评，他对此类通过概率来计算 π 值的实验在数学上的意义表达了怀疑。尽管如此，通过几何、微积分、概率等广泛的范围和渠道发现 π，为数学研究提供了新的门径。

布丰投针实验是第一个用几何形式表达概率问题的例子，他首次使用随机实验处理确定数学问题，为概率论的发展起到一定的推动作用。这个方法随着计算机等现代技术的发展，已经发展成为具有广泛应用性的蒙特卡罗方法。

蒙特卡罗方法也称为统计模拟法、随机抽样技术，是一种随机模拟方法。蒙特卡罗方法的起源就是布丰投针实验。但是它的正式出现则是在第二次世界大战中，由20世纪40年代美国研制原子弹的“曼哈顿计划”计划的成员S. M. 乌拉姆和J. 冯·诺伊曼首先提出。数学家冯·诺伊曼用驰名世界的赌城——摩纳哥的蒙特卡罗来命名这种方法。有人不禁想问：蒙特卡罗是著名的赌城，为什么数学中的方法会跟赌城挂上关系呢？这是因为这种方法是将所求解的问题同一定的概率模型相联系，用电子计算机进行统计模拟或随机抽样，以求得问题的近似解。而为了象征性地表明这一方法的概率统计特征，而且也为了赋予这种方法一定的神秘性，所以它的命名就借用了赌城蒙特卡罗的名字。

冯·诺依曼

知识延伸

蒙特卡罗风险模拟法是以统计抽样理论为基础，利用随机数，经过对随机变量已有数据的统计进行抽样实验或随机模拟，以求得统计量的某个数字特征并将其作为待解决问题的数值解。蒙特卡罗模拟能够比较好地解决项目投资中现金流的随机性和不确定性，它能将财务分析人员和项目决策人员从烦琐的数学计算中解脱出来，还能够在比较短的时间内由计算机进行多次数值模拟实验，提高决策人员的决策效率。

/作者简介/

曾小平，首都师范大学副教授，硕士生导师，北京市小学数学学科带头人与骨干教师培训授课教师；毕业于南京师范大学，获教育学博士学位，在《数学教育学报》《数学通讯》《中学数学教学参考》《小学教学》等期刊上发表研究论文近百篇，主编《小学数学课程与教学论》《小学数学研究》等教材6部。

策划编辑：杨丽丽　　责任编辑：张世昌
特约编辑：尚论聪　　封面设计：周　飞

彩虹糖童书馆
Rainbow Candy Kids' Book House